KB182127

바이러스와 인류

| 바이러스 시대! 우리가 알아야 할 바이러스에 대한 모든 것 |

바이러스와 인류

김혜권 지음

시대인

목 차

목 차

봉준호 감독의 영화 '기생충'이 우리나라 최초로 칸 영화제 황금종려상을 받으면서 전 국민의 자부심이 드높아졌던 시기였고, 아이러니하게도 기생생물의 하나인 코로나바이러스가 원인체인 신규 전염병 코로나19가 중국에서 처음 보고된 시기였다. 중국에서 처음 보고되었을 때만 하더라도 다른 나라의 이야기 같았던 코로나19는 예상을 뛰어넘는 높은 전파력을 과시하며, 우리나라를 포함한 아시아 지역을 가볍게 접수하며 유럽, 북미, 남미 대륙까지 전 세계로 빠르게 퍼져 나갔다. 독감과 다르게 대응할 수 있는 백신과 치료제가 전무한 상황에서 코로나19의 무시할 수 없는 치사율(약 4%)로 인해 전 세계 여러 나라에서 출입국 금지라는 초강력 차단 방역으로 대응에 집중했지만 완벽한 통제는 쉽지 않았고, 상황은 더 악화되었다. 글로벌 교통망의 발달에 따른 전염병의 국가 간 전파는 한 국가의 방역만으로는 코로나19에 대응하기란 참으로 역부족이다.

코로나19 사태가 예상을 뛰어넘어 장기화되면서 방역당국과 일선 의료진, 온 국민들의 피로감뿐만 아니라 사회경제적 피해도 증가하고 있다. 사회적 거리두기와 생활방역은 코로나19의 전파를 막기 위한 중요한 방안이지만, 이를 통한 사회경제 활동의 위축은 소상공인의 하루하루의 일상을 위협하고 대기업에까지 파급이 미치고 있다. 해외여행자로 북적이며 활력 넘치던 인천국제공항의 모습은 코로나19 이후에는 180° 달라진 모습이다. 또한, 세계 곳곳에서는 확진자에 대한 안타까움보다는 원망하고, 반목하며 불필요한 혐오정서를 부추기기도 한다. 많은 사람들은 바이러스 감염에 대한 걱정만큼이나 내가 전파자가 되는 것은 아닐까라는 걱정이 공존하기 때문에, 바이러스와의 싸움이 아니라 우리끼리의 싸움이 되지 않을까 걱정이다. 이처럼 눈에 보이지 않는 기생생물인 바이러스 한 종(Species)이 우리의 건강을 비롯하여 사회, 경제, 문화 전반에 영향을 미치고 있다. 즉, 우리는 코로나19에 의한 공중보건학적 대응에서부터 사회, 경제, 문화적 대응 방안도 함께 고민해야 하는 상황에 처해 있다.

바이러스는 혼자서는 증식할 수 없고 반드시 숙주가 있어야 증식할 수 있도록 진화해 왔으나, 실질적으로 진화한 것인지 퇴화한 것인지는 딱히 잘 모르겠다. 다만, 숙주 의존적인 바이러스가 숙주에게, 즉 한 사람 한 사람뿐만 아니라 인간 사회 전체에 영향을 미치는 것을 보면, 바이러스는 매우 이기적이고 배은망덕한 존재인 것은 분명하다. 인간은 유전자의 돌연변이를 최소화하고 DNA 손상을 복구할 수 있는 메커니즘을 가지고 있지만, 바이러스는 돌연변이에 대한 거부감이 전혀 없어 보인다. 이러한 바이러스는 숙주 세포를 이용해 만드는 무수히 많은 복제품과 불량품 중에 현재 환경에 불리한 것들은 폐기하고, 새로운 환경에 적응하는 것들을 다시 재생산하는 과정을 통해서 어느 순간 새로운 바이러스가 재탄생하기도 한다. 이 과정 속에서 숙주가 바뀌기도 하고, 병원성과 전파력에 변화가 생길 수도 있다. 이렇게 줏대 없고 변화무쌍한 바이러스의 기회주의적 생활사에 우리가 논리적으로 대응하기란 쉽지가 않다.

하지만 인류는 역사적으로 바이러스의 존재를 발견했고, 바이러스에 대항할 수 있는 여러 과학적 방법을 개발해 왔다. 바이러스성 전염병인 천연두와 소아마비는 이미 개발된 백신을 통해 무력화되었고, 지금도 다양한 바이러스성 감염병에 효과적인 백신 개발은 계속되고 있으며, 최근에는 새로운 바이러스 감염병의 발생을 미리 예측하기 위한 노력들도 이루어지고 있다. 즉, 보다 효과적인 방어면역을 제공할 수 있는 새로운 백신 플랫폼도 개발되었고, 어디선가는 바이러스에 대응할 수 있는 새로운 아이디어가 지금도 연구되고 있을지도 모른다. 그럼에도 불구하고 새롭게 발생하는 신규 바이러스성 감염병은 언제나 우리가 예상하지 못한 시점과 장소에서 우리를 괴롭히고 있다. 이번 코로나19도 우리가 인지하지 못한 사이에 전 세계적으로 퍼져나갔으며, 사람들은 대응 방법을 찾아내기에 급급하지만 바이러스 감염병에 가장 효과적인 대응 방법이 될 수 있는 백신 개발 속도는 바이러스의 전파 속도를 따라잡기에는 쉽지 않은 상황이다. 그러므로 우리가 기존에 알고 있던 바이러스학적 지식과 대응 기술의 패러다임으로는 새롭게 발생하고 전파되는 바이러스 감염병에 신속하게 대응하는 것은 어렵다는 결론을 얻을 수 있다. 그동안 DNA가 발견되고 유전공학기술이 발전하면서 생명과학의 급속한 진보가 이루어진 것처럼, 기존의 고전적인 바이러스학적 접근법에서 나아가 무언가 새로운 패러다임을 열 수 있는 새로운 이론과 발견이 필요한 시점이 아닐까 생각한다. 필자도 이에 대한 정답을 알 수 없고 모든 바이러스학자들에게는 항상 마주하게 되는 공통된 숙제가 되겠지만, 우리 모두 함께 고민해야 할 시점이라는 점은 부정할 수 없는 사실이다.

사람은 사회적 동물로서 함께 모이고 공감하는 활동이 반드시 필요하지만, 공감이 정치화되고 세력화된다면 적이 만들어질 수 있고, 적이 된 대상은 이로 인해 고통 받을 수 있다. 코로나19와 관련하여 유럽 등지에서 나타나는 아시아인 혐오현상이나 바이러스의 저장소로 비판받는 박쥐의 경우도 이에 해당될 수 있다. 하지만 우리는 과학, 문화, 예술 활동을 통해 적을 만들지 않고도 공감할 수 있는 문명을 만들어 왔고, 코로나19로 인해 작게는 개인의 사회활동이 제약되고 크게는 인종 간, 국가 간의 갈등이 일어나고 있지만, 잘못된 공감은 불필요한 갈등을 야기할 뿐이며, 근본적인 해결책을 제공하지 못한다. 그러므로 우리는 이 책을 통해 바이러스에 대한 기본적인 이해와 더불어 다양한 관점의 접근을 통해 공감하고, 바이러스 감염병에 대응해 나갈 수 있는 전략과 아이디어를 함께 고민해 보았으면 한다.

코로나19

중국에서 2019년 11월 처음 보고되었던 코로나19가 2020년 3월에는 전 세계로 퍼져나갔다. 코로나19는 지금까지 우리가 겪어보지 못한 새로운 코로나바이러스에 의한 전염병이다. 코로나19가 발병하면, 단순한 호흡기증상뿐만 아니라 중증호흡기증상으로 이어질 수 있고, 약 4% 정도의 치사율은 단순한 감기 또는 독감에 비해 상당히 위험한 전염병이다. 무엇보다 전파력이 매우 높다는 점에서 조금만 방심하면 급속도로 확산되는 특징을 보인다. 코로나19는 발생 초기 신종코로나바이러스가 원인체로 추정되었으나, 바이러스의 유전자 분석 등을 통해 기존 사스(Severe Acute Respiratory Syndrome, SARS)의 원인체와 같은 종이지만 타입이 다른 바이러스로 확인되어 최종적으로 사스 코로나바이러스 타입 2(SARS-CoV-2)라는 이름을 얻게 되었다.

사스의 경우 2002년 11월 중국에서 첫 발생한 이후 대확산기를 거치면서 수개월 만에 홍콩, 싱가포르, 캐나다 등으로 확산되었으나, 2003년 3월~6월이 지나면서 발생 건수가 감소하였고, 7월에 종식되었다. 코로나19와 사스는 중증호흡기증상을 유발한다는 점에서 유사하지만, 원인체 바이러스의 전파력에서는 큰 차이가 있다. 이론적으로 온전한 바이러스 입자 하나가 우리 몸에 침투하게 되면 바이러스의 감염이 이루어질 수 있지만, 실제 바이러스마다 감염을 성립시킬 수 있는 바이러스의 양에는 차이가 있을 수 있다. 이를 감염력이라고 하며, 최초 감염에 필요한 온전한 바이러스의 양으로 이해하면 될 것이다. 보통 바이러스가 숙주에 감염되면 숙주 세포에서 증식하면서 자손 바이러스들을 배출하게 되는데, 그 양이 점점 증가하다가 숙주 세포의 방어면역 반응에 의해 점차 감소한다. 따라서 배출되는 바이러스의 농도가 감염력 수준 이상이 되면 다른 숙주로 전파될 수 있는 가능성이 높아지고, 그 이하가 되면 전파 가능성이 낮아지게 되는 것이다. 보통 바이러스 감염에 의해 임상 증상이 나타나는 시기는 바이러스 배출이 최고조에 이르른 경우가 일반적이다. 사스는 발열, 인후통과 같은 임상 증상이 나타나는 시점부터 감염력을 갖는 농도의 바이러스를 배출하는 특성을 보였기 때문에, 의심 증상을 보이면 빠른 대처를 통해 바이러스의 전파를 차단할 수 있었다. 하지만 코로나19는 임상 증상이 나타나기 전에 배출되는 바이러스의 농도가 감염력을 충분히 가진 것으로 확인되어 우리가 인지하기 전에 이미 다른 사람에게 전파되었을 가능성이 훨씬 높았다.

그렇다면 전파력이 높아진 코로나19의 원인체인 SARS-CoV-2는 바이러스학적으로 어떠한 특징을 가지고 있을까? 우선, 사스 코로나바이러스와 SARS-CoV-2는 모두 사람의 세포막에 있는 수용체에 특이적으로 결합하는 ACE2 단백질을 수용체로 인식하여 세포에 감염되는 것으로 알려져 있다. 즉, 두 바이러스 모두 사람의 ACE2 단백질을 인식하여 부착할 수 있게 진화하여 사람에서 감염될 수 있는 가장 중요한 요소를 확보하게 된 것이다. 그리고 코로나바이러스는 바이러스 입자의 가장 바깥쪽에 존재하는 스파이크(돌기) 단백질(Spike protein, S)을 이용하여 숙주 세포의 수용체를 인식하고 숙주 세포에 침투하게 된다. 코로나바이러스의 스파이크 단백질은 일반적으로 세포 감염 과정 중에 S1과 S2 단백질로 분리되는 과정을 통해 바이러스의 세포내 침투에 기여하는데, 주로 숙주 세포의 단백질 분해효소에 의해 S1과 S2로 잘려지면서 S2 부위가 바이러스와 세포의 융합을 유도하고, 바이러스는 성공적으로 자신의 유전체를 세포 내부로 침투시키게 된다. 이점에서 코로나19의 원인체인 SARS-CoV-2는 S1과 S2로 분리되는 부위에 'PRRAR'이라는 아미노산 서열이 삽입되어 기존의 사스 코로나바이러스보다 특징적이다. 삽입된 아미노산 서열은 퓨린이라는 효소에 의해 쉽게 잘려지는 특성을 갖는데, 퓨린은 우리 몸에서 흔하게 발현되는 효소 중 하나이다. 따라서 SARS-CoV-2 바이러스가 우리 몸에 침투했을 때보다 효율적으로 S1과 S2로 잘려지면서 감염력이 높아진 것이라고 추정하는 과학자들도 있다. 실제 고병원성 조류인플루엔자 바이러스를 저병원성 조류인플루엔자 바이러스와 구분하는 주요 특징 중 하나가 퓨린에 의해 쉽게 잘려지는 아미노산 서열의 유무라는 점으로 볼 때, SARS-CoV-2의 높은 전파력과 'PRRAR'이라는 아미노산 서열은 상관관계가 있어 보인다. 다만, 이러한 서열의 존재가 실제 스파이크 단백질의 구조와 물리화학적 특성에 영향을 미쳐 바이러스의 세포 감염능에 기여할 수도 있지만 반대로 저해할 수도 있으며, 'PRRAR'이라는 아미노산 서열 부위보다 스파이크 단백질의 다른 부위가 수용체와의 결합력에 보다 영향을 미칠 수 있다는 점 등이 보고되고 있으므로, 섣부른 결론을 내리기는 어려울 것이다. 이렇듯 어떤 특징적인 부위가 확인되더라도 과학적으로 결론을 내리는 것은 쉽지 않고 언제든 예외가 존재할 수 있다는 점에서 상황은 매우 복잡하다. 실제로 해당 부위가 바이러스의 감염력에 영향을 미치는가에 대해서는 여러 가지 결과와 연구를 종합하여 최종적으로 판단해야 할 부분이다.

SARS-CoV-2의 기원

코로나19가 발생하고 원인체인 SARS-CoV-2의 기원에 대한 이야기는 다양했다. 처음 코로나19 환자의 보고가 이루어진 중국 우한의 화난 수산시장이 바이러스의 발원지로 의심되었다. 하지만 첫 확진자가 화난 수산시장에 간 적이 없고, 초기 확진자들 중에서도 화난 수산시장과 관련이 없는 경우도 있어 해당 지역이 SARS-CoV-2의 발원지라고 단정할 수 없는 상황이었으나, 우한에 위치한 우한바이러스연구소와 우한 CDC (**WHCDC**)에서 바이러스가 유출되었다는 의혹은 상당한 근거가 있었다. 특히 우한바이러스연구소는 SARS-CoV-2 바이러스의 유전체 분석을 통해, 2013년 같은 연구소에서 확보한 박쥐 코로나바이러스 RATG13(중간관박쥐에서 검출)과 96.2% 유사하다는 논문을 발표한 바 있다. 우한바이러스

연구소는 박쥐 코로나바이러스연구를 집중적으로 하고 있었고, 최근에는 몇 가지의 박쥐 코로나바이러스가 사람의 ACE2 단백질을 수용체로 사용할 수 있음을 밝힌 바 있다. 다만, 이 연구소에서 집중적으로 연구했던 박쥐 코로나바이러스는 오히려 기존의 사스 코로나바이러스에 더 가까운 바이러스였다는 점에서 유출되었을 가능성은 낮아 보인다. 또한 WHCDC가 화난 수산시장에서 수백 미터 거리에 있어 매우 가깝고 해당 연구소에서도 역시 박쥐 바이러스와 관련된 연구를 진행해 왔다는 점에서 오염된 시료 등을 통한 유출이 의심된다는 내용도 있었다. 물론 박쥐를 다루는 과정에서 박쥐의 코로나바이러스에 노출되었을 가능성이 있을 수 있다. 다만, 이 이야기에는 한 가지 중요한 증명되지 않은 가정이 있다는 것을 우리는 고민해 보아야 한다. 그것은 박쥐 코로나바이러스가 직접적으로 사람으로 감염되어 질병을 유발하고 사람 간 전파가 될 수 있는가?라는 것이다.

직접적으로 감염이 가능하다면 RATG13 보다 SARS-CoV-2와 유전적으로 훨씬 유사한 코로나바이러스가 박쥐에서 발견되어야 하지만 현재까지 이러한 보고는 없었다. 또한 이전 사스 발생 사례에서는 사향고양이(Palm civet)에서 사스 코로나바이러스와 유전적으로 99.6%가 유사한 코로나바이러스가 검출되어[1] 사향고양이에서 사람으로 종간 전파가 일어났을 가능성이 매우 높았다. 이

---

1) Shi Z, Hu Z. A review of studies on animal reservoirs of the SARS coronavirus. Virus Res. 2008;133(1):74-87.

후 추가적인 연구를 통해 주로 중국적갈색관박쥐에서도 사스 코로나바이러스와 유사한 바이러스들이 발견되었고, 당시 88~92% 의 염기서열상 유사성을 보였기 때문에 박쥐의 코로나바이러스가 사스의 직접적인 기원이라고 보기는 어려웠으며, 사향고양이라는 중간매개동물을 통해 진화함으로써 사람으로 전파되었을 것으로 추정하였다.

그럼에도 불구하고 SARS- CoV-2의 경우 현재까지 가장 유사한 박쥐 코로나바이러스는 96.2%의 상동성을 보이지만, S1과 S2로 분리되는 부위에 'PRRAR'이라는 아미노산 서열이 삽입되지 않았다는 점에서 직접적으로 사람으로 전파되었다고 하기에는 무리가 있다. 그래서 연구자들은 박쥐 코로나바이러스가 직접 사람으로 감염되어 질병을 유발하고 사람 간 전파가 이루어졌다기보다는, 박쥐의 RATG13과 같은 그룹의 바이러스가 알 수 없는 미지의 중간매개동물 또는 사람으로 종간 전파한 후, 어느 정도 진화를 거쳐 오늘날의 코로나19를 유발하는 원인체로 진화했을 가능성이 더 높을 것으로 추측하고 있다. 즉, 어딘가에서 사람이나, 중간매개동물에 감염되어 우리가 모르는 사이에 진화를 거쳐 나타났을 가능성이 더 높다는 것이다. 이런 점에서 2020년 2월에는 여러 나라의 바이러스 연구자들이 중국의 바이러스연구소 유출 의혹을 비판하는 성명서[2] 를 영국의 유명 학술지 Lancet에 게재하기도 하였다.

---

2) Calisher C, Carroll D, Colwell R, et al. Statement in support of the scientists, public health professionals, and medical professionals of China combatting COVID-19. Lancet. 2020;395(10226):e42-e43.

이에 바이러스학자들은 미지의 중간매개동물을 찾기 위해 노력하였고, 얼마 되지 않아 기존의 논문과 추가적인 예찰을 통해 중국에서 불법 밀수되는 말레이천산갑에서 약 91% 유사한 코로나바이러스가 검출되는 것을 확인하였다. 하지만 과연 91% 정도의 유사성이 있다고 하여 SARS-CoV-2와 밀접한 관련이 있다고 할 수 있을까? 이것은 박쥐보다도 더 쉽지 않은 경우라고 할 수 있다. 결국 지금까지의 결과를 바탕으로 유추할 수 있는 것은 중국중간관박쥐와 말레이천산갑에서 SARS-CoV-2와 친척관계의 바이러스가 순환하고 있다는 것이다.

그렇다면 최근 코로나19와 관련된 SARS-CoV-2와 가장 밀접한 바이러스는 어디에서 보이지 않는 순환을 해 왔던 것일까? 필자는 두 가지 정도로 추정을 해 본다. 먼저, 말레이천산갑보다는 다른 종류의 천산갑에서 순환하고 있었던 것은 아닐까 하는 것이다. 사실 기존 연구보고는 동남아 지역에서 중국으로 밀수되는 과정에서 압수된 말레이천산갑 시료를 사용한 결과이다. 하지만 RATG13 바이러스는 중국 남부의 중간관박쥐에서 발견되었고, 중국에서는 말레이천산갑이 서식하지 않는 것으로 알려져 있다. 중국에는 말레이천산갑이 아닌 중국천산갑(귀천산갑)이라는 종이 서식하고 있다. 따라서 말레이천산갑에서 SARS-CoV-2와 친척관계인 바이러스가 검출되었다면, 중국천산갑(귀천산갑)에서도 비슷한 친척관계의 바이러스가 검출될 가능성이 높을 것이고, 우리에게 새로운 정보를 제공해 줄 수도 있을 것이다. 즉, 바이러스의 중간매개동물에 대한 논의에서 우리는 그 동물의 속(Genus)뿐만 아니라 종(Species)에 대한 이야기를 통해 좀 더 세부적으로 살펴볼 필요가 있다.

　두 번째로 추정해 볼 수 있는 것은 사람들 사이에서의 보이지 않는 순환 가능성이다. 물론 우리가 알지 못하는 경로를 통해 중간매개동물인 중간관박쥐나 어떤 종의 천산갑에서 순환하던 코로나바이러스가 사람으로 종간 전파가 이루어졌을 것이다. 여기서 우리가 관심을 가질 부분은 코로나바이러스 감염병의 특성이다. 사스, 메르스, 코로나19와 같은 최근의 신규 코로나바이러스 감염병은 중증 호흡기 증상이 주요 특징으로 알려져 있다. 하지만 몇 가지 다른 동물의 코로나바이러스 감염병은 소화기 증상을 주요 특징으로 한다. 예를 들어, 돼지에서는 돼지 유행성 설사병과 전염성 위장염을 유발하는 주요 원인체가 코로나바이러스로 알려져 있고, 소에서도 겨울철 설사병을 유발하는 원인체가 코로나바이러스이다. 박쥐의 경우에도 분변에서 코로나바이러스가 많이 검출되는 것을 보면 소화기 감염이 주로 일어나고 있는 것이 아닐까라는 추측을 하게 된다. 즉, 코로나바이러스는 종에 따라 소화기계 감염이 주가 되거나 호흡기계 감염이 주가 될 수도 있다는 것이다. 한 가지 주목할 만한 사실은, 어떤 종의 코로나바이러스는 작은 돌연변이를 통해 주요 임상 증상이 바뀌는 경우가 있는데, 대표적으로 고양이 코로나바이러스는 소화기에 감염되어 무증상 또는 설사 등을 유발시키고, 돌연변이가 발생하게 되면 고양이에서 상당히 치명적인 복막염 증상을 유발한다. 또한 돼지의 전염성 위장염을 유발하는 코로나바이러스도 작은 돌연변이를 통해 호흡기 증상을 유발하는 경우가 있다. 이처럼 코로나바이러스는 소화기 감염 형태로 존재하다가 작은 돌연변이를 통해 전혀 다른 증상을 유발하는 바이러스로 바뀔 수 있다. 따라서 이러한 것들을 종합해 보면, 어쩌면 사람들 사이에서 SARS-CoV-2가 소화기 감염 형태로 순환하고 있었던 것은 아닐까? 가벼운 복통이나 설사를 통해 우리가 무심히 지나쳤을 바이러스가 어느 순간 돌연변이를 통해 중증호흡기증상을 유발하는 바이러스로 진화한 것은 아닐까라고 생각해 본다. 물론 필자의 개인적인 생각이고 증명해야 할 부분이 많이 있는 것은 사실이지만, 기회가 된다면 사람들의 분변시료에 대한 코로나바이러스 능동예찰실험을 해 보고 싶은 생각이 들기도 한다.

코로나19 백신과 치료제

코로나19가 처음 발생하고 원인체 바이러스가 신규 코로나바이러스로 알려지면서 우리가 대응할 수 있는 방어 무기는 전무한 상황이었다. 바이러스에 대응하기 위해서 우리가 사용할 수 있는 주요 전략은 결국 백신과 항바이러스제(치료제)일 것이다.

백신이 원인체 바이러스에 대한 방어면역을 미리 부여하여 미래에 혹시 해당 바이러스에 감염되더라도 우리 몸이 빠르게 대응할 수 있도록 도와주는 예방 물질이라고 한다면, 항바이러스제는 우리가 바이러스에 감염되어 증상이 나타날 때 바이러스의 증식을 억제하여 우리 몸의 병리적 상태가 악화되는 것을 막아주는 치료제라는 점에서 구분된다.

하지만 코로나19는 신규 전염병이기에 대응할 수 있는 백신과 치료제가 없었으므로, 검역과 방역만이 대응방법의 최선이었다. 이러한 대응 방법은 감염자를 신속하게 찾아내고 격리하여 새로운 전파의 연결고리를 차단한다는 점에서 상당히 효과적이지만[3] 코로나19가 전 세계로 확산되고 있는 시점에서는 그 효과의 지속성을 기대하기가 쉽지 않다.

검역과 방역을 통해 겨우 통제되는 상황이라고는 하나, SARS-CoV-2 바이러스에 대한 집단방어면역이 형성되지 않은

---

3) 한 사람의 SARS-CoV-2 감염자가 평균적으로 2.28명의 새로운 감염자를 만들어낼 수 있다고 한다. 하지만 한 사람의 확진자를 빨리 찾게 되면 확진자뿐만 아니라 밀접 접촉자 관리를 통해 20명 이상의 신규 감염자 발생을 막을 수 있다.

상태이므로 언제든 바이러스의 새로운 유입에 의해 다시 확산될 수 있는 취약성이 존재한다. 실제 국내에서도 한동안 통제되는 듯 보였던 상황이 이태원을 중심으로 다시 확산되었던 것처럼, 나라 전체를 완전히 봉쇄하거나 전 세계에서 바이러스가 사라지지 않는 이상, 사람 간 국가 간 이동에 따른 바이러스의 지속적 유입 위험에 노출될 수밖에 없었다.

최근 코로나19 치료제로서 렘데시비르가 허가되어 사용되고 있다는 점에서 다행히 방어 무기 하나를 확보하게 되었고, 코로나19 확진자의 치료에 활용할 수 있어 유용하다. 하지만 이 바이러스 치료제는 바이러스를 완전히 제거하는 것이 아니라 바이러스의 증식을 억제하여 우리 몸의 임상 증상을 감소시키는 개념이고, 실제 바이러스의 완벽한 제거를 위해서는 우리 몸에 바이러스에 대한 방어면역이 형성되어야 한다. 즉, 바이러스에 대응할 수 있는 가장 좋은 무기는 우리 몸에서 만들어 내는 방어면역이라고 할 수 있다.

따라서 코로나19의 확산에 지속 가능한 대응을 하기 위해서는 백신의 개발이 가장 시급한 상황이다. 즉, 예방 백신이 개발되면 백신 접종을 통한 집단방어면역 형성을 통해 바이러스에 감염되더라도 심한 증상 없이 빠르게 회복할 수 있고, 이를 통해 바이러스의 증식과 전파를 억제하여 새로운 감염자의 발생을 최소화할 수 있다.

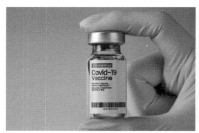

역사적으로도 백신 접종을 통해 천연두나 소아마비 같은 바이러스성 감염병이 성공적으로 통제된 사례가 있었던 만큼, 코로나19에 효과적인 백신이 곧 만들어질 것이며, 우리는 예전처럼 사회, 경제 활동을 할 수 있을 것이다. 물론 성공적인 백신의 개발이라면 안전성과 효과가 충분히 검증되어야 하는 만큼 당장 우리 손에 만족할 만한 결과가 쥐어지기란 쉽지 않을 것이다. 하지만 전 세계적인 노력을 통해 2020년 7월 21 WHO 보고자료[4] 기준으로 약 24개의 백신 후보 물질이 임상시험에 진입하였고, 5개의 백신후보물질은 임상시험 마지막 단계까지 진입 또는 진행 중인 상태이다. 다만, 임상시험 마지막 단계까지 진입 또는 진행 중인 5개의 백신 후보 물질 중 두 가지는 현재 상용화된 백신 플랫폼보다는 새로운 백신 플랫폼의 형태를 띠고 있다는 점이 특징이다.

새로운 백신 플랫폼의 적용은 현재까지 대량 생산된 적이 없고, 대량 접종을 통한 유효성 검증이 충분히 이루어지지 않았기 때문에 안전성과 생산성 측면에서 예측하지 못한 장애 요인을 만

---

4) https://www.who.int/publications/m/item/draft-landscape-of-covid-19-candidate-vaccines

날 수도 있겠지만, 기존의 백신 플랫폼이 해결할 수 없는 효과적인 방어면역을 제공할 수 있는 강점을 가질 것이다. 어찌됐든 이 시점에서 임상 시험 단계만 가지고 보면 중국, 영국, 미국 등이 백신 개발에 조금 더 앞선 상황이라고 할 수 있다. 물론 우리나라의 백신 후보 물질들도 임상 시험을 진행 중에 있어 빠른 시일 내에 안전성과 효과가 입증된 코로나19 백신이 사용될 수 있기를 기대해 본다.[5]

---

5) 본 내용을 서술하던 2020년 7월 기준의 이야기이다. 현재는 몇 가지 코로나19 백신이 임상시험을 마치고 승인되어 사람들에게 접종이 이루어지고 있다.

PART

1

바이러스와
인류

바이러스와
인류

01

바이러스와 인류

바이러스는 어디에서 왔을까? 바이러스의 기원은 아직까지도 명확히 밝혀진 바가 없다. 다만, 진화학적 분석을 통해 곤충에 감염되는 바이러스는 약 3억년 전부터 존재했을 것으로 추정되고 있다.[6] 육지의 곤충이 처음 나타난 시기가 5억 4200만 년 전부터 2억 5000만 년 전까지의 고생대 시기라는 것을 생각해 보면, 곤충 바이러스는 곤충의 탄생부터 현재까지 함께해 왔다는 것을 알 수 있다. 생명의 기원이 38~41억년 전으로 추정된다는 점을 감안하면[7], 바이러스는 훨씬 더 오랜 전부터 존재해 왔을지도 모른다. 최근 아메바와 같은 단세포 동물에서 새롭게 발견되고 있는 거대

---

6) Thézé J, Bézier A, Periquet G, Drezen JM, Herniou EA. Paleozoic origin of insect large dsDNA viruses. Proc Natl Acad Sci U S A. 2011 Sep 20;108(38):15931-5.
7) Bell EA, Boehnke P, Harrison TM, Mao WL. Potentially biogenic carbon preserved in a 4.1 billion-year-old zircon. Proc Natl Acad Sci U S A. 2015 Nov 24;112(47):14518-21.

한 바이러스들(Nucleocytoplasmic Large DNA Viruses, NCLDV)은 이러한 바이러스의 기원에 대한 새로운 정보를 제공하고 있다. 이러한 거대한 바이러스들은 기존의 바이러스들에서 발견되지 않았던 유전자들을 가지고 있었고, 그 중 몇 가지는 인류와 같은 진핵생물에 존재하는 것들과 유사하였다. 이러한 유전자를 바탕으로 바이러스의 기원과 관련된 진화학적 분석이 가능하기 때문에 최근 이와 관련된 몇 가지 새로운 연구 결과들이 보고되고 있다. 흥미로운 점은 거대한 바이러스들이 진핵생물의 발생 이전부터 존재해 왔을 가능성이 높다는 것이다.[8] 진핵생물이 16~21억년 전에 처음 나타난 것으로 추정되고 있다는 점으로 볼 때[9], 바이러스는 인류의 등장 훨씬 이전부터 지구상 어딘가에서 인류의 머나먼 조상에게 감염되어 증식하고 있었을 것이다.

먼 과거뿐만 아니라 인류는 문명의 시작과 함께 역사적으로 수많은 바이러스성 감염병에 시달려 왔다. 바이러스에 대한 기본 정보가 없던 시기인 기원 전 고대 이집트 문명 시대의 미라와 벽화에서도 천연두와 소아마비의 흔적을 찾아볼 수 있을 정도이다. 바이러스에 대한 본격적인 연구가 이루어지는 20세기에 들어서는 1918년 스페인 독감을 시작으로 1968년 홍콩 독감, 1976년 에볼라 출혈열, 1981년 AIDS 등이 발생하였으며, 21세기에는 2002년 중

---

8) Guglielmini J, Woo AC, Krupovic M, Forterre P, Gaia M. Diversification of giant and large eukaryotic dsDNA viruses predated the origin of modern eukaryotes. Proc Natl Acad Sci U S A. 2019 Sep 24;116(39):19585-19592.
9) Knoll AH, Javaux EJ, Hewitt D, Cohen P. Eukaryotic organisms in Proterozoic oceans. Philos Trans R Soc Lond B Biol Sci. 2006 Jun 29;361(1470):1023-38.

증급성호흡기증후군(SARS), 2009년 신종플루, 2012년 중동호흡기증후군(MERS), 2016년 지카바이러스 감염병 등이 발생하면서 새로운 바이러스성 감염병의 발생이 보다 빈번하게 나타나고 있다. 특히 2019년 말부터 유행하고 있는 코로나19는 2020년 말 WHO 발표 기준으로 약 6천만 명 이상이 감염되어 백만 명 이상이 사망한 상황이다.

이처럼 새로운 바이러스의 지속적인 출현은 우리 인류에게 현재 진행형이며 미래에도 언제든 일어날 수 있는 일이 되었다. 세상 어딘가에 존재하는 새로운 바이러스 입자 하나가 인류에게 감염되고 새로운 질병을 유발할 수 있다는 것이다. 물론, 바이러스 입자 하나에 노출될 확률은 매우 낮지만 우리는 항상 그 위험에 노출되어 있다. 인류의 규모가 커지면 커질수록 새로운 바이러스의 숙주 개체수가 증가하면 증가할수록 우리는 그 입자 하나의 점과 마주칠 확률이 높아질 것이다. 어떻게 보면 예측하기 어려우면서도 피할 수 없는 상황이라고 할 수 있겠다.

우리 인류는 바이러스성 감염병에 대응할 수 있는 다양한 전략과 수단을 개발해 왔으며, 바이러스의 존재와 생활사에 대한 지식을 쌓아 왔다. 바이러스의 전파를 차단할 수 있는 마스크와 소독제, 바이러스의 감염을 확인할 수 있는 진단검사법과 바이러스 감염병을 예방할 수 있는 다양한 백신까지 만들어낼 수 있게 되었다. 특히 백신을 통한 집단면역으로 우리는 이미 천연두라는 심각한 바이러스성 전염병을 박멸시키는 인류 역사의 쾌거를 이루기도 하였다. 하지만 이렇게 효과적인 수단들은 결코 바로 만들어지는 것이 아니다. 이번 코로나19 사태에서 보았듯이 코로나19가 처음 보고된 이후, 1년이 지나서야 비로소 우리가 사용할 수 있는 백신에 대한 윤곽이 나오면서 백신공급 및 접종이 가시화되었다. 사실 이것도 매우 빠른 편이라고 할 수 있다. 따라서 백신이라는 상당히 효과적인 대응 수단을 사용할 수 있을 때까지 우리는 다른 전략적 선택을 해야만 하고, 현재까지 쌓아온 바이러스에 대한 다양한 지식들을 바탕으로 방역 전략도 계속해야 한다. 결국 바이러스에 대한 많은 지식들은 우리에게 매우 다양한 선택지를 던지고 있는 셈이다.

우리는 완벽함을 추구하지만, 모든 일은 생각처럼 완벽할 수 없다. 완벽하다고 생각했던 것에는 언제나 예외가 나타나고 허점이 드러나면서 언제나 그것을 보완해야 하는 상황에 마주치게 된다. 과학 분야에서도 진리라고 생각한 법칙들이 제한된 환경조건 하에서 작동하며, 전혀 새로운 환경조건이라면 새로운 법칙이 나타난다는 것을 우리는 경험을 통해 알고 있다. 경험적 관찰에 의한 다양한 정보들은 그 자체로 과학적이지만, 그 안에서 효과적인 전략을 만들어내는 것은 보다 더 어렵다. 제한된 조건에서 관찰되어진 과학적 사실과, 광범위하게 적용해야 하는 대응 전략 사이의 보이지 않는 갭이 존재할 수 있기 때문이다.

예를 들어, 스웨덴에서 집단면역을 통해 코로나19 유행을 억제하려던 시도는 결국 큰 효과를 거두지 못했다. 물론 집단면역이 형성되면 바이러스의 유행을 줄일 수 있겠지만, 백신을 사용하지 않고 자연 감염을 통해 집단면역을 부여하는 것이 생각보다 쉽지 않다는 것을 보여 준다. 즉, 집단면역이라는 결과물에 도달하기까지의 과정에 다양한 예외 요인들이 존재할 수 있다는 것이다. 이와 반대로 예외적인 요인 때문에 초기에 그 효과에 대한 의문이 제시되었던 경우도 있다. 그것은 바로 우리도 알고 있는 마스크이다. 코로나19 초기, 바이러스가 마스크를 통과할 수 있다는 이야기부터 마스크의 오염이 오히려 바이러스 전파의 위험 요인이 될 수 있다는 많은 논란이 있었다. 이러한 논란은 과학적으로는 타당한 이유였겠지만, 실제 마스크의 사용을 통해 얻을 수 있었던 방역효과는 그 많은 예외 요인과 논란을 상쇄하고도 남을 정도이다. 하지만 인류는 새로운 바이러스가 나타날 때마다 지금까지의 지식을 바탕으로 항상 새로운 선택의 상황에 놓이게 되고, 불행하게도 선택이 야기할 수 있는 결과는 그 누구도 정확하게 예측하기가 어렵다.

인류에게 아주 오래전부터 나타난 바이러스는 매번 새로운 숙제를 안겨주고 있고, 우리는 그때마다 그 숙제를 하나하나 풀어나가고 있다. 바이러스가 처음 인류에게 왔을 때 원인체가 무엇인지도 몰랐으나 현재는 알고 있고, 과거에는 바이러스에 감염되면 스스로 완치되기만을 기다렸지만 현재는 백신이라는 효과적인 수단을 통해 예방할 수가 있다. 또한 바이러스는 계속 변화하지만 우리는 그 바이러스의 변화를 인지하고 다양한 바이러스의 특성을 알아내고 있고, 바이러스에 대한 많은 지식과 정보도 빠르게 탐구하고 만들어지고 있다. 코로나19와 관련한 논문 검색만 해봐도 불과 1년 동안 7만 건 이상의 논문이 발표되었다. 이처럼 우리 인류가 만들어내고 있는 바이러스에 대한 새로운 지식의 물결 속에서 본질을 놓치지 않으면서 새로운 바이러스의 출몰에 대응할 수 있는 새로운 전략을 구상할 수 있는 혜안이 어느 때보다 필요한 시기이다.

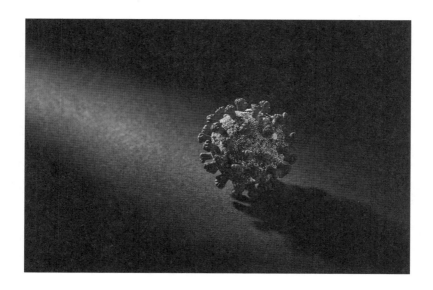

숙주와
바이러스

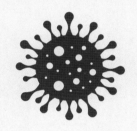

바이러스와
인류

01

바이러스는
입자일 수도 있고
아닐 수도 있다.

바이러스는 '독'을 뜻하는 라틴어에서 유래했다고 한다. 즉, 과거에는 바이러스를 독으로 생각하고 있었다는 것이다. 17~18세기에 미생물을 관찰할 수 있는 광학현미경이 존재하였으나 바이러스는 광학현미경으로는 관찰할 수 없는 매우 작은 크기였다. 그래서 눈에 보이지 않고, 광학현미경으로도 관찰되지 않는 무언가가 질병을 일으킨다는 점에서 미생물보다는 독소라고 생각하기에 충분했을 것이다. 19세기 말까지 서양에서 바이러스는 전염되고 살아 있는 액체라는 의미로 'Contagium vivum fluidum'이라고 불렸다. 이는 바이러스의 실체를 명확히 알게 된 역사가 얼마 되지 않았다는 뜻이기도 하다. 그리고 요즘에도 감염병과 관련하여 '소독'이나 '약독화'라는 말을 사용하는 것을 보면 역사적으로 바이러스와 독이라는 것이 어느 정도 혼용되고 있을 정도로 두 개념에 대한 구분이 이루어진 지 얼마 되지 않았음을 보여 준다. 최근에는 전자현미경 등이 발달하여 실제 바이러스 입자의 형태를 눈으로 확인할 수 있게 되었고, 매우 다양한 형태의 바이러스 입자들이 존재하고 있다는 것도 입증되었다. 이 바이러스는 크기가 매우 작을 뿐만 아니라 우리가 기존에 알고 있던 미생물들과는 전혀 다른 특징을 가지고 있다. 바로 숙주 의존성이 절대적이라는 것이다. 즉, 우리가 전자현미경을 통해 관찰하는 바이러스 입자는 스스로 증식하지 못하고, 숙주 세포에 감염되었을 때 증식이 가능하다. 다시 말하면, 숙주 세포가 있어야만 자손 바이러스 입자를 생산할 수 있다. 그래서 바이러스는 입자 상태에서는 무생물처럼 보이고, 숙주 세포에 감염되었을 때는 생물처럼 보이는 특이한 생활사를 가지고 있다.

그렇다면 우리는 바이러스의 감염 및 증식에 대한 기본 내용을 이해해야 할 필요가 있다. 우선, 감염병의 주요 원인체인 세균과 바이러스의 차이에 대해 먼저 이야기해 보자. 일반적으로 세균은 단세포 생물로서 다양한 외부 환경 속에서 다양한 종의 세균이 존재하고 있으며, 다양한 에너지원을 바탕으로 스스로 에너지를 만들고 복제하여 자손을 생산할 수 있는 능력을 가지고 있다. 바다, 흙, 저수지, 동굴 등에서 세균이 증식하고 있는 환경은 매우 다양하고 우리 몸도 세균이 자랄 수 있는 하나의 환경이 될 수 있다. 우리 몸에서 생활하는 세균 중에는 유익한 세균도 있고, 질병을 유발하는 유해한 세균도 있다. 또한 우리 몸에서 증식하면서 질병을 유발하는 세균이면서 우리 몸이 아닌 다른 외부 환경에서도 증식할 수 있고, 오랜 기간 외부 환경에서 생존할 수 있는 종도 있다. 무엇보다 광학현미경을 통해 그 존재를 확인할 수 있고, 관찰되는 형태 자체가 세균의 존재라고 할 수 있다. 하지만 바이러스는 조금 다르다.

바이러스는 외부 환경에서 스스로 증식할 수 없고, 스스로 증식할 수 있는 생물학적 기작이 대부분 생략되어 있다. 반드시 숙주가 필요하고 숙주의 생물학적 기작을 활용해서 바이러스의 증식이 가능해진다. 즉, 어떤 종의 바이러스가 발견되었다는 것은 그 바이러스가 반드시 기생해야 하는 숙주가 존재한다는 것이다. 숙주는 세균과 같은 단세포 생물일 수도 있고 식물, 동물 그리고 우리 인간일 수도 있으며, 바이러스마다 선호하는 숙주가 존재한다. 이렇게 바이러스가 숙주에 들어가서 증식이 가능해지는 상태를 바이러스학에서는 보통 감염(Infection)이라고 한다. 감염되었다고 모두 질병을 유발하는 것은 아니지만, 대부분의 바이러스는 우리 몸에 감염되었을 때 질병을 유발할 수 있다. 또한 우리 몸의 면역계에 의해 제거되지 않는 이상 지속적으로 활동 상태에 놓이게 된다. 그러므로 바이러스가 감염되어 숙주 세포에서 증식을 하고 있는 상태는 결국 바이러스가 살아서 활동하는 상태인 것이다. 그렇다면 여기서 한 가지 헷갈리는 부분이 생기게 된다. 세균은 광학현미경을 통해 관찰되는 형태 그대로 스스로 대사활동을 하며 증식할 수 있으므로 세균의 실제 모습이라고 볼 수 있겠지만, 바이러스는 전자현미경을 통해 관찰되는 형태가 스스로 증식할 수 있는 상태가 아니므로 바이러스의 실제 모습이라고 할 수 있을까? 오히려 숙주 세포에 감염되어 증식하고 있는 상태가 생물로서 실제 바이러스의 본 모습은 아닐까?라는 생각이 가시지 않는다. 결국 우리가 바이러스라고 부르는 전자현미경 속 사진은 바이러스의 본 모습이 아니라, 바이러스의 핵심요소들을 운반하는 운반체의 모습이라고 보는 것이 더 타당할 것 같다. 좀 더 쉽게 비유하자면 바이러스는 소프트웨어로서 USB 등의 하드웨어를 통해 여러 컴퓨터에 전달되는 컴퓨터 바이러스와 유사하고, 실제 바이러스의 본 모습은 USB가 아니라 소프트웨어라는 것이다.

그래서 바이러스학에서는 바이러스입자(Virus Particle) 또는 비리온(Virion)이라는 표현을 쓰기도 한다. 비리온의 형태는 매우 다양해서 바이러스를 분류할 때 중요하게 사용되기도 하는데, 비리온 자체는 스스로 증식할 수 없지만, 숙주 세포를 만나면 침투하여 증식할 수 있는 잠재력을 가지고 있다고 볼 수 있기 때문이다. 비리온은 형태와 특성에 따라 외부 환경 저항성의 차이가 있을 수 있으며, 일반적으로 비리온은 크게 외막(Envelope)이 있는 것과 없는 것 두 가지 형태로 구분될 수 있다. 외막이 있으면 보호막이 하나 더 있어서 외부 환경에 더 강할 것 같지만, 실제는 그 반대인 경우가 대다수이다. 즉, 비리온의 외막이 세포막 구조와 비슷한 지질 이중막 구조일 때 비누와 샴푸 등에 쉽게 파괴되고, 외막이 없는 비리온은 상대적으로 비누와 샴푸 등에 저항성을 가질 수 있다. 이러한 비리온을 비누로 파괴하는 경우에 과연 바이러스를 죽였다고 할 수 있을까? 비리온은 생물의 특성보다는 무생물에 훨씬 더 가까운데 말이다. 차라리 비리온의 감염력을 제거했다거나, 비리온을 불활화시켰다는 표현이 좀 더 정확한 표현인 것 같다. 실제로 이러한 바이러스의 특징을 감안하여 우리는 바이러스를 '죽인다'라고 표현하기 보다는 '불활화(inactivation)'시킨다라는 표현을 더 많이 사용해 왔다.

불활화되지 않은 바이러스 입자는 언제든 숙주 세포를 만나면 감염되어 증식할 수 있는 능력을 가지고 있고, 이를 감염능이라고 한다. 그러므로 바이러스 입자는 숙주 세포를 잘 인식할 수 있는 물질, 바이러스의 유전 물질, 유전 물질을 보호하는 물질 등으로써 잘 만들어져야 그 기능을 제대로 발휘할 수 있다. 이렇게 잘 만들어진 바이러스 입자가 감염능이 있는 바이러스 입자가 될 수 있으며, 반대로 이 말은 감염능이 없는 바이러스 입자도 있다는 뜻이다. 즉, 바이러스가 세포에 감염되어 증식하면서 만들어지는 바이러스 입자는 모두 정상적인 것은 아니며, 불량품이 존재하게 된다. 바이러스마다 불량품의 생산 비율은 달라질 수 있고, 증식 환경과 숙주 세포의 컨디션에 따라서도 그 비율은 달라질 수 있다. 정상적으로 만들어진 바이러스 입자일지라도 외부 환경에 노출될 경우 감염능을 상실할 수 있다. 그러므로 생산공정의 정확도, 보관 상태 등에 따라 바이러스 입자의 감염능은 다양하게 변화할 수 있고, 바이러스의 종에 따라서도 바이러스 입자의 품질에 차이가 발생한다. 정상적으로 만들어진 감염능을 갖는 바이러스도 입자 상태로 외부 환경에서 오랜 기간 버틸 수 없으므로, 숙주를 만나지 못하고 입자 상태로 외부 환경에 노출이 되어 있다면 다양한 환경 요인에 의해 불활화되어 버리고 말 것이다. 스스로 체온을 조절하거나 손상된 부분을 복구할 수 있는 능력이 없기 때문이다.

사람은 고차원적인 체온 조절 시스템을 통해 우리 몸의 세포가 과도한 열이나 저온에 피해를 입지 않도록 조절할 수 있다. 상처가 난 부분의 죽은 세포를 제거하고 새로운 세포를 재생시켜 복구할 수 있는 기전이 있으며, 안으로는 손상된 DNA를 복구할 수 있는 메커니즘이 존재한다. 하지만 바이러스는 이런 고차원적인 것들을 할 수 없다.

외부 환경에 노출된 바이러스 입자는 말 그대로 고양이 앞의 생선처럼 매우 취약한 상태이며, 스스로 조절하고 복구할 수 있는 메커니즘이 존재하지 않는다. 과도한 열에 노출되는 경우 바이러스의 단백질은 쉽게 변성되어 본래의 기능을 상실할 수 있다. 즉, 햇빛에 포함되어 있는 자외선은 바이러스의 유전체를 구성하는 핵산 물질을 변형시키고, 향후 햇빛에 노출된 바이러스는 기능을 제대로 할 수 없다. 물론 초저온과 같은 특별한 환경에서는 오랜 기간 불활화되지 않고 버틸 수도 있겠지만, 일반적인 환경에서는 아주 튼튼한 바이러스라고 하더라도 6개월을 넘기기가 쉽지 않을 것이다. 바이러스 입자, 비리온 상태에서는 스스로 증식할 수도 없으므로 숙주가 없는 환경이라면 언젠가는 사라질 운명을 가지고 있는 것이 바로 바이러스이다.

하지만 바이러스는 이러한 단점을 극복하기 위해 숙주 세포 안에서 오랜 기간 살아남을 수 있는 방법을 찾아 개발해 왔을 것이며, 가장 대표적인 것이 잠복 감염이다. 허피스바이러스는 입자가 큰 바이러스 중의 하나이다. 입자가 크다는 것은 다른 바이러스들에 비해 가지고 있는 유전자와 단백질이 다양하다는 뜻과 어느 정도 일치한다. 그럼에도 불구하고 허피스바이러스 역시 숙주 세포가 있어야 증식할 수 있고, 외부 환경에 노출될 경우에는 언젠가 사라질 운명에 처하게 된다. 이처럼 바이러스는 숙주 세포 안에서 증식할 수 있을 때 사라질 운명에서 살아갈 운명으로 바뀌게 된다.

숙주 세포 역시 이러한 바이러스의 전략이 그대로 이루어지도록 두지 않는다. 이것이 바로 면역반응이라는 것이다. 우리 몸의 면역반응은 바이러스의 정체성을 제대로 파악하고 방어할 수 있는 방식으로 진화해 왔으므로, 바이러스가 세포에 감염되었을 때 우리 몸의 면역반응이 나타내는 가장 큰 특징은 바이러스 입자(비리온)와 바이러스에 감염된 세포를 모두 제거할 수 있다는 것이다. 바이러스 입자만 제거하면 바이러스의 본체인 감염 세포가 남아 언제든 새로운 바이러스 입자를 생산해 낼 것이고, 또한 바이러스에 감염된 세포만을 제거하게 되면 남아 있는 바이러스 입자가 언제든 다시 다른 세포에 감염되어 새로운 바이러스 입자를 생산해 낼 것이다. 이에 우리 몸은 입자이면서 입자가 아닐 수 있는 바이러스의 실체를 제대로 알고 대처할 수 있는 면역반응을 통해 바이러스를 정확히 제거하게 된다. 따라서 허피스바이러스의 경우에도 외부 환경에서 벗어나 숙주를 만나 증식한다 할지라도 언젠가는 숙주의 면역반응에 의해 제거될 운명에 처하게 된다.

하지만 허피스바이러스 역시 영리한 방향으로 우리 몸에서 지속적으로 살아갈 수 있는 방법을 개발한 듯하며, 바로 에피솜(Episome)이라는 형태로 감염된 세포에 남아 있을 수 있다는 것이다. 우리 몸의 면역반응은 일반적으로 우리 몸에는 없었던 단백질을 인식하여 활성화된다. 즉, 바이러스가 우리 몸의 세포에 감염되어 증식을 시작하게 되면 당연히 자신들의 단백질을 만들게 될 것이고, 바이러스의 단백질은 결국 우리 몸의 면역 시스템에 의해 발견되고 바이러스는 완전히 제거될 것이다. 허피스바이러스는 이러한 증식 과정을 멈추고 자신의 유전체 형태로 세포 안에 머물 수 있는 능력을 가지고 있다. 허피스바이러스 입자에 들어 있는 유전체는 선형의 DNA이지만 세포에 감염되어 고리형의 DNA로 변신하여 단백질 등을 만드는 증식과정 없이 고리형 DNA 상태인 에피솜 형태로 세포에 계속 남아 있을 수 있는 것이다. 더욱이 이 녀석은 한층 더 나아가 세포의 수명이 짧고 탈락이 빈번하게 일어나는 피부나 점막 부위의 세포가 아니라 우리 몸에서 가장 수명이 길고 한번 손상되면 복구되기 어려워서 면역 세포들의 접근도 쉽지 않은 신경 세포 안에서 에피솜 형태로 존재한다는 것이다. 즉, 바이러스 자신의 증식을 위해 필요한 모든 유전자를 포함하고 있는 유전체로서 DNA 상태로 조용히 존재하여 면역 시스템에 의해 인식되지 않고, 다른 조직에 비해 면역 세포의 접근이 어려운 신경 세포 부위에 존재함으로써, 숙주에서 오랜 기간 살아남을 수 있도록 진화했다. 이러한 바이러스는 어쩌다 숙주의 면역이 약해지거나 우리가 아직 알지 못하는 어떤 요인에 의해서 다시 증식을 하여 비리온을 생산한다. 또한 이 비리온, 바이러스 입자는 허피스바이러스 자신의 유전체를 다시 새로운 세포 또는 새로운 숙주로 전달하여 감염토록 하는 운반체 역할을 할 것이다. 이러한 역할을 성공적으로 하게 되면 다시 살아갈 수 있는 운명을 얻게 되고, 실패하게 된다면 외부 환경에서 조만간 사라질 운명이 될 것이다.

기분 나쁘게도 자연에는 허피스바이러스보다 더 악랄한 전략을 통해 숙주 세포 안에 숨어서 오랜 기간 살아남으려는 바이러스도 존재한다. 즉, 허피스바이러스가 자신의 유전체를 에피솜 형태로 유지하면서 조용히 지낸다면, 이 바이러스는 자신의 유전체를 아예 숙주 세포의 유전체에 삽입시켜 버린다. 다시 말하면, 우리 몸의 일부가 되어버린다는 것이다. 주로 레트로바이러스(Retrovirus)가 이러한 생활사를 가진다. 운반체로서 레트로바이러스의 입자는 외부 환경에 취약한 편이지만, 숙주 세포 감염에 성공하게 되면 숙주 세포의 DNA에 안정적으로 정착하여 수명을 연장하게 된다. 이렇게 성공적으로 숙주 세포의 유전체에 삽입되어 있는 레트로바이러스를 프로바이러스(Provirus)라고 한다. 프로바이러스는 언제든 활성화되어 바이러스 입자를 만드는 데 사용된다. 또한 프로바이러스는 세포의 DNA에 삽입되면 세포와 하나가 된 것처럼 행동한다.

이 순간에도 나와 여러분들의 몸 안에는 다양한 프로바이러스들이 끼어들어와 있겠지만, 다행히 중요한 유전자 부위를 피해 끼어들어 현재까지는 문제를 일으키지 않고 있을 뿐이다. 이렇게 우리 몸에 들어와 장기간 생존하게 된 프로바이러스들은 다른 유전자들과 마찬가지로 자식에게 유전될 수도 있는 특징을 갖기도 한다. 즉, 프로바이러스가 제거되지 않는 이상 바이러스는 우리 세대뿐만 아니라 자식 세대에서도 유전되는 바이러스가 될 수 있다.

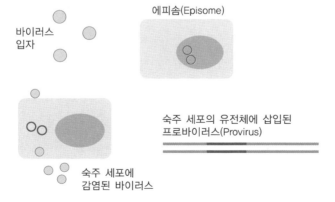

▌ 바이러스는 입자이면서 입자가 아니다.

에피솜(Episome)

바이러스 입자

숙주 세포의 유전체에 삽입된
프로바이러스(Provirus)

숙주 세포에
감염된 바이러스

한 번 사람의 DNA에 삽입된 프로바이러스는 다양한 요인에 의해 재활성화되어 증식하면서 비리온을 만들 수 있고, 다른 세포나 개체로 언제든 다시 전파될 수 있다. 이런 것을 보면, 레트로바이러스의 본체는 프로바이러스이고, 우리가 현미경으로 관찰하는 비리온은 프로바이러스의 운반체 역할에 더 가깝다는 것을 알 수 있다.

이렇게 바이러스는 우리가 전자현미경을 통해 보았던 모습 이상의 다양한 실체를 가진다는 것을 알 수 있다. 즉, 바이러스 입자, 비리온은 바이러스의 다양한 실체 중 하나라고 할 수 있고, 프로바이러스, 에피솜 등은 모두 바이러스의 생활사에서 존재할 수 있는 실체로서 언제든 바이러스 입자, 비리온을 생산해 낼 수 있다. 세포에 감염되어 증식하고 있는 상황도 생물로서 바이러스의 모습을 보여 준다. 즉, 바이러스 입자를 포함한 프로바이러스, 에피솜, 세포에 감염되어 증식하고 있는 상태 모두를 바이러스라고 할 수 있다. 그래서 바이러스와의 싸움은 바이러스 입자뿐만 아니라 바이러스가 감염된 세포를 선택적으로 제거하기 위한 정교한 싸움이 될 것이다. 마찬가지로, 잠복감염을 일으키는 바이러스의 경우에는 바이러스 입자가 검출되지 않는다고 해서 바이러스가 없어진 것은 아니므로, 우리가 바이러스와 제대로 싸우려면 입자이면서도 입자가 아닐 수 있는 바이러스라는 관점에서 다양한 전략들을 고민해야 하는 것이다.

02

언제든
변할 수 있는
바이러스의 기회주의

　돌연변이라는 단어에 대한 사람들의 생각은 어떨까? 우선 정상적이지 않은 형태의 변화라는 생각을 떠올릴 수 있다. 우리 몸의 유전자는 말 그대로 자손으로 유전되기 때문에 인간으로서의 정체성을 유지할 수 있는 온전한 상태로 유전되어야 한다. 수많은 유전자가 조화롭게 제 기능을 다할 때, 인간으로서 태어날 수 있고, 정상적인 대사활동을 통해 살아갈 수 있다. 어느 하나가 틀어지면 다양한 질병의 형태로 이어질 수 있으며, 심한 경우에는 인간으로서 태어날 수도 없다. 그래서 유전자 하나가 제 기능을 못하더라도 다른 하나가 보완할 수 있도록 상동 염색체의 대립 유전자와 같은 형태가 존재하기도 한다. 인간으로서 태어나서 정상적으로 살아갈 수 있는 수많은 유전정보를 DNA라고 하는 생화학적 물질에 담아 휴먼 게놈이라는 인간 유전체를 구성하게 된다. 인간 유전체는 인간의 정체성을 유지할 수 있는 최소한의 요건이다. 하지만 좀 더 정확하게 이 유전체를 구성하는 DNA는, 우리 인간이 완벽하지 않은 것처럼 물리적으로나, 생물학적으로 항상 안정적인 것은 아니다. 물론 완벽하다는 기준과 관점이 주관적일 수 있으므로, 쉽게 던질 수 있는 화두는 아니지만, 대부분의 사람들은 모든 점에서 완벽한 사람이나 물질을 찾기란 쉽지 않음에 동의할 것이다.

어찌됐든 DNA는 다양한 요인에 의해 손상될 가능성이 존재하며, 대표적인 것이 햇빛이다. 우리가 밖에 나가 햇빛을 쬐게 되면 햇빛에 존재하는 다양한 파장의 전자기파가 우리 몸을 구성하는 다양한 물질과 상호작용을 하게 된다. 그리고 분자나 원자들은 모든 에너지에 비례해서 반응하는 것이 아니라 물질마다 가지는 고유한 특정값의 에너지를 흡수하였을 때 반응하게 된다. 에너지 값이 높다고 반응이 무조건 이루어지는 것도 아니고, 낮다고 무조건 반응이 없는 것도 아니다. 쉽게 말해서 특정한 에너지값이 하나의 열쇠가 되고, 이 열쇠에 맞는 자물쇠를 가지고 있는 분자나 원자만이 반응한다는 것이다. 물론 열쇠에 해당하는 에너지값이 커지면 보다 강한 반응이 일어날 수 있다. 서로 다른 파장을 가지고 있는 전자기파들은 고유의 에너지값을 가지고 있고, 각각의 에너지값이 자기와 딱 들어맞는 경우에 물질은 반응하게 된다. 열이 발생하기도 하고, 화학 반응이 일어나기도 하고, 물리학적인 변화가 생기기도 한다. 특히 빛을 구성하는 여러 전자기파 중에서 자외선은 파장이 짧아 에너지가 높은 편이다. 따라서 자외선 파장대의 에너지에 반응하게 되면 물질은 상대적으로 높은 에너지로 인해 화학적으로 변형되기도 한다. 대표적으로 우리 몸의 DNA는 자외선 파장대의 전자기파에 노출되면 변형이 일어나기 쉽다. 즉, 우리가 일상에서 언제든 쉽게 노출될 수 있는 햇빛에 의해 소중한 유전체 DNA가 지속적으로 손상되고 있는 셈이다. 이러한 손상은 중요한 유전자의 기능에 영향을 줄 수 있다. 예를 들어 우리 몸을 구성하는 세포 중 세포의 분열을 조절하는 유전자에 돌연변이가 생기게 되면 우리가 알고 있는 암세포로 변형되어 역으로 정상적인 조직과 장기를 공격하게 된다. 또한 생식 세포의 유전자 돌연변이는 자손으로 유전되어 문제를 유발한다는 점에서 보다 위험할 수 있다.

다행히도 우리 몸은 이러한 손상을 최소화하거나 복구할 수 있는 생물학적 기작을 가지고 있다. 우선, 우리의 피부색에 기여하는 멜라닌 색소는 검은색이다. 일단 검은색이라는 것은 우리가 눈으로 보고 판단하는 것이며, 물리학적으로는 다양한 파장대의 전자기파들이 멜라닌에 흡수되었다고 보는 것이 맞을 것이다. 쉽게 말하면 대부분의 빛이 멜라닌에 흡수되어 검게 보인다는 것이므로, 물론 우리 눈에 보이는 일반적인 가시광선 영역의 전자기파들뿐만 아니라 자외선도 흡수하게 된다. 따라서 멜라닌은 자외선 등을 흡수하여 상대적으로 DNA에 도달하는 빛을 대부분 차단해 주기 때문에 DNA의 손상을 최소화시켜 줄 수 있다. 이런 것을 보면 외부 환경에 취약한 바이러스 입장에서도 멜라닌을 하나쯤 가지고 있으면 좋지 않을까 생각해 볼 수 있다. 하지만 바이러스는 현재까지의 연구 결과를 바탕으로 볼 때 그렇게 하지 않거나 아직 우리가 자세히 모르고 있는 듯하다.[10]

두 번째로, 우리 몸의 세포는 DNA 복구 메커니즘을 가지고 있다. 잘라지거나 오류가 난 부분을 인식하고 복구할 수 있는 생물학적인 기전이 존재한다. 앞서 말한 전자기파와 같은 외부 요인에 의한 손상을 복구하기도 하고, DNA 복제 과정 중의 에러를 올바르게 수정하기도 한다. 그렇다면 바이러스 입장에서도 얼마 되지 않는 유전자들을 잘 보존하고 자손 대대로 전달하기 위해서는 자신들의 유전체를 복구할 수 있는 도구를 하나쯤 가져도 좋을 것 같은데, 역시 바이러스는 그렇게 하지 않는다. 몇 가지 바이러스만이 숙주 세포에 감염되어 증식하면서 자의적이거나 타의적으로 숙주 세포의 DNA 복구 메커니즘에 편승하고 있을 뿐이다.

정리하자면, 우리 몸은 현재 가지고 있는 유전체 DNA를 온전하게 보존하기 위해서 다양한 노력을 기울이고 있다. 지금의 유전체와 유전자 구성 세트가 인간으로서 지구에서 살아가기에 어느 정도 적합하기 때문에 유전체를 구성하는 기본물질인 DNA를 최대

---

10) 물론 바이러스 입자를 구성하는 요소들 중에 멜라닌과 같은 역할을 하는 것이 존재할 수도 있을 것이다. 바이러스 입자의 색깔을 볼 수 있다면 이에 대한 보다 세밀한 이야기를 할 수 있을지도 모른다. 바이러스 입자마다 고유의 색깔이 존재할 수도 있고 물리학적으로 불가능할 수도 있을 것이다. 이 점에서 해당 문장은 본인의 주관적인 생각임을 밝히며 양해를 부탁드린다.

한 정상적으로 보존하고 유지하려는 것이다. 심지어 우리는 의료 기술을 통해 유전적 이상에 따른 질병을 치료할 수 있는 역량이 있으며, 새로운 유전자 치료법 등을 개발해서 이미 손상되거나 비정상적인 유전자조차도 정상적인 유전자로 바꾸려는 노력을 하고 있다. 하지만 바이러스는 유전체에서 발생할 수 있는 돌연변이가 바이러스의 생존에 영향을 미칠 수 있음에도 불구하고 자신의 유전체 보존에 별 흥미가 없어 보인다. 실제 몇몇 바이러스가 증식하는 것을 보면 정상적인 감염능을 갖는 비리온을 생산하는 만큼이나, 비정상적인 비리온도 상당히 만들어진다는 것을 알 수 있으나, 바이러스는 이러한 비효율성을 크게 신경 쓰지 않는 듯하다. 그렇다면 왜 바이러스는 유전체의 온전한 보존에 신경 쓰지 않도록 진화해 온 것일까? 어쩌면 바이러스 입장에서는 변하지 않는 것보다 꾸준히 변하는 것이 더 생존에 유리했기 때문일 것이며, 이에 대해 좀 더 구체적으로 살펴보도록 하자.

우선 바이러스의 유전체에 대해 이야기해 보자. 모든 바이러스의 유전체는 우리처럼 DNA로 구성되지 않는다. 일부 바이러스는 조금 다른 형태의 유전체를 보유하고 있다. 바이러스 중에서 크기가 큰 바이러스에 속하는 폭스바이러스와 허피스바이러스는 우리와 비슷한 이중가닥 DNA 형태의 유전체를 가지고 있다. 하지만 파보바이러스는 단일 가닥 DNA를 유전체로 가지고 있고, 써코바이러스는 단일가닥의 DNA가 원형으로 닫혀 있는 형태의 유전체를 가지고 있다. 심지어 코로나바이러스나 파라믹소바이러스 등은

DNA가 아닌 단일 가닥의 RNA를 유전체로 가지고 있고, 레오바이러스 등은 이중 가닥의 RNA를 유전체로 가지고 있다. 여기서 나아가 인플루엔자 바이러스는 단일가닥 RNA가 분절된 형태로서 유전체를 구성한다는 점이 특징적이다. 이처럼 바이러스마다 고유한 생화학적 특성을 갖는 유전체를 보유하고 있어 각각의 바이러스마다 복제 방법이 다르다. 따라서 일단 바이러스의 정체성을 가장 잘 보여 주는 것이 바로 유전체이다. 그리고 바이러스들은 본인들

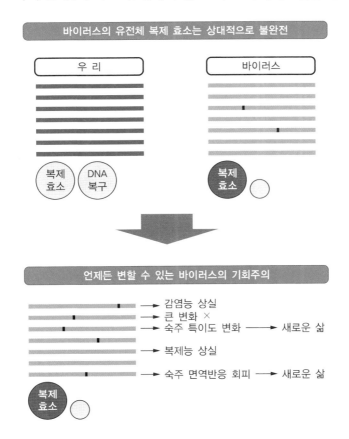

이 가장 소중하다고 생각하는 유전체를 복제하기 위한 고유한 단백질을 하나씩은 가지고 있을 것이다. 바이러스는 유전체의 형태가 숙주 세포의 형태와는 차이가 나기 때문에 숙주 세포에 존재하는 복제 단백질을 이용해서 자신들의 유전체를 복제하는 것에는 한계가 있다. 따라서 바이러스가 자신들의 유전체를 효율적으로 복제하기 위해 보유하고 있는 바이러스 고유의 단백질이 바로 바이러스 유전체 복제 효소이다. 바이러스를 공부하다 보면 대부분의 바이러스에서 바이러스 유전체의 약 50% 정도를 차지하는 유전자가 이러한 복제 효소와 관련되었다는 것을 보면 바이러스의 절반은 유전체와 유전체의 복제라고 봐도 무방할 것 같다.

따라서 바이러스가 숙주 세포에 감염되어 자신의 유전체를 복제하기 위해서는 이러한 복제 효소의 성공적인 제작이 선행되어야 한다. 그래서 어떤 바이러스는 바이러스 입자(비리온의 구성 물질 중 하나가 복제 효소인 경우) 즉, 비리온이 숙주 세포에 감염되어 자신의 유전체와 복제 효소를 함께 세포 안으로 도입함으로서 초기 바이러스 유전체의 복제를 성공적으로 수행하게 된다. 또 다른 바이러스는 유전체 자체가 숙주 세포의 단백질 제작 시스템에 바로 적용될 수 있도록 디자인되어 언제든 복제 효소를 바로 제작할 수 있는 형태로 되어 있다. 이것은 비리온 안에 복제 효소가 없어도 세포에 감염되면 바이러스의 유전체에서 복제 효소가 바로 제작되어 바이러스 유전체의 복제에 활용될 수 있는 것이다. 어쨌든, 바이러스는 자신의 고유한 복제 효소를 사용해서 자신의 유전체를 효과적으로 복제하려고 한다는 점이 특징이다. 따라서 앞에서 바이러스는 유전체의 온전한 보존에 그다지 신경 쓰지 않는 것처럼 이야기했지만, 우선적으로 복제 효소와 관련된 유전자는 기능을 상실하게 되면 바이러스 유전체의 복제가 이루어지지 않게 되므로, 복제 효소 유전자 부위는 다른 부위에 비해 상대적으로 보존되어 있는 경향이 있다.

또한 바이러스가 가지고 있는 복제 효소는 멀티 플레이어인 경우가 많다. 자신의 유전체를 복제하기도 하고 자신의 유전체로부터 바이러스 단백질 제작에 필요한 중간물질(바이러스 전사체, **Viral transcripts**)을 만들어 내기도 한다. 물론 이러한 것들을 만드는 데 필요한 물질과 보조 효소들은 숙주 세포에서 공수한다. 생존 전문가들이 야생에서 살아남기 위해 주변 환경의 재료들을 이용해서 조금 허술하지만 당장 생존에 필요한 도구나 기기 등을 빠르게 만들어 내는 것처럼, 바이러스도 자신이 감염된 세포 안에 존재하는 요소들을 활용하여 바이러스 유전체의 복제 효소가 제대로 작동할 수 있도록 한다. 다만, 복제 시스템이 제대로 작동하지만 조금은 허술할 수 있다는 것이며, 이것이 바이러스의 돌연변이와 관련된 중요한 기전 중의 하나로 보는 것이다. 즉, 바이러스가 가지고 있는 고유의 복제 효소는 우리가 가지고 있는 복제 효소에 비해 성능이 떨어지기 때문에 유전체의 복제 과정 중 에러율이 상대적으로 높다. 또한, 우리 몸의 유전체 DNA는 복제 효소뿐만 아니라 여러 가지 조효소와 대사 물질 등이 관여하여 무차별적인 복제가 이루어지지 않도록 조절하지만, 바이러스는 복제 효소 외에 이를 조절할 만한 요소들이 많지 않기 때문에 감염된 세포에서 자신의 유전체를 대량으로 복제하여 생산한다. 따라서 바이러스 복제 효소의 에러율도 높은 데 바이러스 복제 효소에 의해 생산되는 바이러스 유전체의 양까지 많아지다 보니, 처음 세포에 감염된 몇 가지 돌연변이 유전체에서 새로운 바이러스 유전체가 등장할 확률도 당연히 높아지게 된다.

돌연변이가 이루어진 유전체는 그 자체가 바이러스 입자로 제작되어 부적합할 수도 있고, 바이러스 입자로 제작되더라도 다른 세포에 감염되어 복제되는 과정에 문제를 유발할 수 있다. 이러한 경우 돌연변이 유전체를 바탕으로 만들어진 새로운 바이러스 입자는 자연스럽게 도태되어야 하지만, 바이러스의 복제와 새로운 숙주 세포로의 감염능에 문제가 없는 돌연변이 유전체는 언제든 새로운 바이러스 입자로 만들어져 새로운 족보를 생성하게 된다. 이때 돌연변이가 발생한 부위에 따라 바이러스의 병원성, 치사율, 병원성 등이 달라질 수 있고, 바이러스가 선호하는 숙주 세포가 바뀔 수도 있다. 그러나 바이러스는 세포에 감염되어 복제 과정 중에 처음 자신과는 다른 다양한 돌연변이 바이러스일지라도 지속적으로 만들어진다.

결국 바이러스가 숙주 세포에 감염되어 자신의 유전체를 복제할 때에는 돌연변이를 갖는 자손 바이러스가 만들어질 가능성이 높아진다. 다만, 이런 돌연변이는 복제 과정 중에 무작위로 일어나며, 돌연변이가 무작위로 일어난다는 것은 이미 과거에 입증되었다. 살바도르 루리아와 막스 델브뤼크는, 세균 실험을 통해 돌연변이는 특정 환경 조건에서 시작되는 것이 아니라 항상 무작위로 일어나고 있다는 것을 검증함으로써, 1969년 노벨상을 수상한 바 있다. 즉, 자연적으로 돌연변이는 무작위로 발생하고 있고, 무작위 돌연변이에 의해 생겨난 다양한 자손들 중에서 해당 시점의 환경에 잘 적응하는 것들이 선택적으로 살아남아 증식하는 것을 확인한 것이다. 바이러스도 숙주 세포에서 복제하면서 무작위 돌연변이에 의해 다양한 자손 바이러스를 생산해 내고, 현재 환경에 가장 적합한 자손 바이러스가 선택되어 생존하게 된다. 다만, 돌연변이가 얼마나 생기느냐는 또 다른 차원의 문제일 수 있다. 한번 복제할 때마다 2개의 돌연변이가 유전체의 어느 부위에서 무작위로 발생할 수도 있고, 10개의 돌연변이가 유전체의 어느 부위에서 무작위로 발생할 수도 있다.

바이러스는 다른 생물에 비해 이러한 돌연변이의 발생량이 상대적으로 높은 것으로 보이며, 그만큼 변화하는 환경에 적합한 자손 바이러스가 발생할 확률이 더 높다고 볼 수 있다. 숙주 세포에 절대적으로 기생하는 생활사를 가진 바이러스 입장에서는 숙주가 사라지면 본인도 사라질 운명을 갖는다. 따라서 바이러스는 이러한 운명의 시간에 대비하고 언제든 다른 숙주로 옮아갈 수 있도록 돌연변이에 의한 다양성을 용인하고 있는 것이 아닐까 생각한다.

즉, 현재가 만족스럽다 하더라도 현재 환경에 적합한 자손 바이러스만 생산하는 것이 아니라, 조금 다르고 엉뚱한 녀석도 지속적으로 생산하면서 언젠가 변화될 수 있는 환경에 빠르게 적응할 수 있는 여지를 항상 남겨 놓는다는 점에서 영리한 전략 같아 보인다. 그러므로 바이러스 입장에서는 본인 고유의 정체성을 유지하는 것보다 변화하는 환경에 빠르게 적응할 수 있는 전략으로서 돌연변이가 반드시 나쁜 것은 아닐 것이다.

여기서 우리는 한 가지 재미있는 생각을 해 볼 수 있다. 바이러스 입장에서 잘 적응해야 하는 환경은 무엇이고, 가장 중요한 환경은 무엇일까?라는 것이다. 현재 우리 인간 입장에서 적응하고 있는 주요 환경은 지구이지만, 바이러스 입장에서는 지구보다는 숙주가 더 중요할 것이다. 즉, 바이러스가 복제하고 증식하는 환경이 곧 숙주 세포라는 점에서, 숙주 세포 또는 숙주의 변화가 곧 바이러스의 변화가 될 수 있다는 점을 고려해 볼 수 있다. 또한, 바이러스 유전체의 복제에 중요한 바이러스 복제 효소는 숙주 세포 안에서만 그 기능을 제대로 하게 된다. 적합한 환경의 숙주 세포 안에서 바이러스 복제 효소의 작동이 얼마나 잘 이루어지느냐에 따라 돌연변이 바이러스의 발생률에도 영향을 미치게 될 것이다. 숙주 세포의 환경이 좋다면 복제 효소가 잘 작동하겠지만 숙주 세포의 환경이 나빠진다면 복제 효소의 작동이 제대로 이루어지지 않을 가능성이 높다. 다시 말해서, 바이러스 복제 효소의 작동이 제대로 이루어지지 않게 되면 부실한 복제로 이어질 가능성이 높다는 것으로, 숙주 세포의 환경이 나빠지면 돌연변이 바이러스의 발생 비율이 더 높아질 수 있다는 것이다. 여기서 한 가지 가능성을 추측해 보면 숙주가 스트레스를 받으면 숙주에 감염되어 있는 바이러스의 돌연변이도 더 많이 이루어질 수 있다는 가능성이다. 숙주의 변화가 곧 바이러스의 변화가 될 수도 있는 것이다.

숙주의 변화가 곧 바이러스의 변화라는 것이 사실이라면 최근 인간 사회에서 발생하고 있는 신규 바이러스 감염병에 대한 새로운 관점의 이야기가 가능해진다. 대부분의 바이러스는 기본적으로 숙주 특이도를 가지고 있다. 일반적으로 소의 바이러스는 주로 소에만 감염되어 증식되고, 사람의 바이러스는 주로 사람에게만 감염되어 증식한다. 물론 소와 사람 모두에서 감염되어 증식할 수 있는 바이러스도 있을 수 있지만, 대부분의 바이러스는 서로 다른 숙주의 종간 장벽 때문에 성공적으로 새로운 숙주로 전파되어 증식하기가 어렵다. 그렇기 때문에 기본적으로 새로운 숙주에 감염될 수 있는 능력을 갖는 새로운 돌연변이의 바이러스가 만들어져야 한다. 앞서 말했다시피 돌연변이는 무작위로 일어나지만, 돌연변이의 양은 증가될 수 있다. 그러므로 현재 숙주에 변화가 생기게 되면 돌연변이 바이러스가 상대적으로 많이 증가할 수 있고, 새로운 숙주에 감염될 수 있는 돌연변이 바이러스가 만들어질 확률도 높아지게 된다. 즉, 숙주의 변화는 바이러스가 새로운 숙주로 감염될 수 있는 가능성과 연관될 수 있다는 것이다. 따라서 인간에게 다가오는 신규 바이러스 감염병들의 기존 숙주가 무엇이고, 이러한 숙주의 변화를 야기하는 요인이 무엇인가에 대해 좀 더 연구하고 고찰할 필요가 있다. 가축이나 야생동물과의 빈번한 접촉이 신규 바이러스 감염병 발생의 원인이라고 마무리 짓기 전에, 바이러스의 숙주로서 가축이나 야생동물에서 어떠한 변화가 발생할 때 신규 바이러스가 발생하여 우리에게 다가올 수 있는가에 대한 고민이 필요한 시점이다.

03

숙주의 변화는
곧
바이러스의 변화

유전자는 DNA로 구성되어 있고, DNA는 A, G, C, T라는 서로 다른 염기로 구성된다. 이 네 가지 염기의 배열 정보에 따라 유전자가 만들어지고, 그것들이 모여 하나의 유전체를 이루게 된다. 따라서 염기들의 배열 정보는 곧 유전자 정보로서 염기서열이라고 하며, 염기서열의 변화가 곧 돌연변이라고 할 수 있다. 다른 생명체와 마찬가지로 바이러스의 돌연변이는 무작위로 일어나지만 돌연변이 발생률은 바이러스의 종마다 다르고, 심지어 같은 몸에 있는 서로 다른 유전자의 돌연변이 발생률도 다르다. 그러나 돌연변이 발생은 각각의 유전자에 따라 다르지만 그 수치는 일정한 편이며, 이를 분자시계(Molecular Clock) 이론이라고 한다. 하지만 현실적으로 돌연변이의 속도는 수학적으로 항상 일정하다고 볼 수 없을 것이다. 그것은 과거로부터 시간에 따른 염기서열의 변화 데이터를 통해 귀납적으로 분석해 보았더니 일정하다는 것이므로, 단순하게 공식화하여 결론내리기는 어렵다. 또한 우리 몸에 존재하는 다양한 유전자는 각각 저마다 고유의 돌연변이 발생률을 가질 수 있고, 환경에 따라서 그 속도가 달라질 수도 있으며, 우리의 생존에 얼마나 중요한가에 따라 돌연변이의 발생률에 차이가 나타날 것이다. 물론 하나의 법칙이라기보다는 결과물에 대한 해석이라는 관점에서 그렇다는 이야기다.

하지만 한 가지 우리가 간과할 수 없는 것은 돌연변이의 발생은 불가피하고 시간의 흐름에 따라 지속적으로 발생하고 있으며, 이것이 바로 진화와 연관성이 있다는 것이다. 즉, 진화를 위해서는 돌연변이가 전제되어야 한다는 것이다. 물론 깊이 들어가면 돌연변이에는 유전자 염기서열의 삽입, 누락, 치환 등등의 여러 가지 요인들이 존재하지만, 진화는 결국 이러한 다양한 돌연변이 발생의 역사라고 보아도 될 것이다. 돌연변이는 무작위로 발생한다. 어느 부위만 선택적으로 발생하는 것이 아니다. 다만, 발생한 돌연변이 중에서 현재 환경에 가장 적합한 변이가 선택되어 후대로 유전되며, 그렇지 않은 돌연변이는 도태되어 사라지게 된다. 역설적으로 우리는 다양한 돌연변이라는 답안지를 만들어 제출하고 우리가 살아가는 환경은 이미 제출된 다양한 답안지 중에서 하나를 선택하게 된다. 즉, 우리가 살아가고 있는 환경이 매우 중요한 선택자가 되는 것이다. 물론 아주 오랜 시간 동안 현재 환경에 가장 적합한 것으로 선택되어진 유전자들이 무작위 돌연변이에 의해 변화하는 것을 막기 위한 DNA 복구 메커니즘도 가지고 있다. 무작위 돌연변이, 환경의 변화, DNA 복구 등 복잡한 자연 현상 등이 얽혀져 지금도 인류의 진화는 계속되고 있다. 이러한 생물학적 진화뿐만 아니라 인간은 사회적 동물로서 사회, 정치, 문화적인 요소들을 생산하여 생물학적 진화를 넘어서는 보다 복잡한 진화의 양상을 보여 준다. 현재 지속적으로 발전하고 있는 다양한 생명 공학적 기술에 의해 원하는 유전자만을 선택적으로 유지하고 후대에 전달하는 상황이 발생할지도 모른다. 그럼에도 불구하고 우리가 살고 있는 환경은 변화하고 우리 안에서는 아주 낮은 발생률이지만 무작위 돌연변이가 지속적으로 발생하고 있다. 결국 진화는 선택의 문제이자 누가 선택할 것인가에 대한 문제이다. 문득 미래에는 우리가 알지 못하는 다른 종류의 선택자가 우리의 돌연변이와 유전자의 진화 방향을 선택할 수도 있겠다라는 생각이 든다.

하지만 우리 몸에서 이루어지는 돌연변이의 속도는 매우 느린 편이며, 아주 오랜 기간 천천히 이루어지고 있고 우리가 인지하지 못하는 사이 후대로 유전되고 있을지도 모른다. 앞서 말한 것처럼 돌연변이는 무작위로 일어나고, 다만 그 속도의 차이가 있을 뿐이다. 그렇다면 어떤 요인이 돌연변이의 속도 증가와 관련이 있을까? 거시적 관점과 미시적 관점의 계속적인 고민과 연구가 필요하겠지만, 미시적 관점에서 한 가지 예를 생각해 본다면, 발암물질에 의한 유전자 돌연변이의 증가이다. 특히, 뮤타젠(Mutagen, 돌연변이 유도물)은 다양한 발암물질에 노출되면 우리의 유전자는 평소보다 더 쉽게 변이될 수 있다. 즉, 돌연변이 속도가 증가되거나 최악의 경우 정상적인 세포의 증식과 생존에 필요한 유전자들의 돌연변이는 결국 암세포의 발생으로 이어진다. 이것은 인간 생존에 큰 영향을 미치는 돌연변이지만, 계속적으로 유지되어 후대로 전달될 가능성은 낮다. 그러나 돌연변이는 무작위로 일어나기 때문에 암세포는 우리가 직접적으로 확인하기 쉬운 돌연변이에 의한 결과물 중의 하나일 뿐, 실제로는 우리가 알지 못하는 다양한 돌연변이는 무작위로 지속적으로 발생하고 있을 것이다. 이러한 변이는 조용히 사라질 수도 있지만 생식세포를 통해 후대로의 유전 가능성을 완전히 배제할 수는 없다. 결과적으로 뮤타젠 또는 유사 환경 조건에서의 노출로 발생하는 돌연변이는 대부분 우리의 생존과 관련이 깊어 후대로 유전될 가능성이 매우 희박하긴 하지만, 간혹 그렇지 않은 돌연변이가 있어 후대로 유전되고, 다음의 선택자에 의해 그 운명이 결정될 것이다.

흥미롭게도 바이러스는 가지고 있는 유전자가 그리 많지 않으므로 돌연변이가 바이러스 유전체의 복제와 바이러스 입자의 생성 등에 아주 빠른 영향을 미치기는 하지만, 바이러스 복제 효소 유전자의 돌연변이는 당장의 복제 효소 기능에 영향을 줄 수도 있고, 아무런 영향을 주지 않을 수도 있다. 왜냐하면 바이러스 입자를 구성하는 구조 단백질 유전자의 돌연변이도 역시 당장의 바이러스 입자의 특성에 영향을 줄 수도 있고, 아무런 영향을 끼치지 않을 수도 있다. 그 이유는 바이러스마다 돌연변이의 영향력이 매우 높은 경우도 있고 매우 낮은 경우도 있기 때문이다. 이러한 돌연변이의 지속적인 발생은 언젠가 바이러스의 생존과 변화에 중요한 요소로서 작용할 수 있다. 앞서 설명한 것처럼 바이러스의 돌연변이 또한 무작위로 발생하고, 무작위 돌연변이는 다양한 유전자 변이 형태를 만들어내고, 이 중 생존에 적합한 변이들이 선택되어진다. 다시 말해서 바이러스 돌연변이의 선택 주체는 바이러스가 생존하는 환경에 적합한 경우 선택을 할 것이다. 그러나 그 선택 환경은 우리와는 조금 다를 것이다. 우리는 직접적으로 태양, 바람, 비, 눈과 같은 여러 환경과 직접적으로 부딪쳐 살아가지만, 바이러스는 완전히 숙주에 의존하는 기생생물이기 때문에 이러한 환경과 직접적으로 마주치기는 어려울 것이다. 즉, 바이러스의 유전자 염기서열에서 무작위로 일어나는 돌연변이 중에서 도태되거나 유전되는 것에 대한 선택은 숙주와 관련이 깊을 수밖에 없다는 것이다. 결국 숙주는 바이러스가 처한 생존 환경이고, 숙주의 변화는 곧 바이러스의 변화이다.

그렇다면 숙주의 변화 관점에서 바이러스의 진화를 생각해 보자. 바이러스가 처한 환경은 결국 숙주일 것이고, 숙주의 변화가 바이러스의 생존에 영향을 미칠 것이다. 바이러스가 숙주 의존적인 생물로서 숙주에게 피해를 입히고 있는 동시에 숙주라는 환경이 바이러스의 진화에 영향을 미친다는 점에서 특징적이다. 우리는 코로나19를 경험하면서 바이러스 감염병의 치사율과 전파율 등에 대한 이야기를 종종 접하게 된다. 치사율은 바이러스에 감염된 숙주가 사망하는 비율을 말하고, 전파율은 감염된 숙주가 바이러스를 전파하여 새로운 숙주가 발생하는 비율이라고 생각할 수 있다. 치사율이 높은 바이러스는 숙주에게 심한 질병을 야기한다. 심한 질병에 의해 숙주가 사망하게 되면 바이러스는 숙주와 운명을 함께할 수밖에 없다. 또한, 질병이 심하면 숙주가 이동하거나 누군가를 만나기 힘들게 되고 바이러스가 새로운 숙주를 만날 수 있는 확률도 낮아지므로, 결국 바이러스의 전파율도 상대적으로 낮아진다. 바이러스 입장에서는 머지않아 사라질 바이러스 입자 상태로부터 벗어나 숙주에 감염되어 지속 가능한 복제와 생산이 가능한 상황을 선호할 것이다. 그러나 숙주가 심한 질병 상태에 도달하여 죽게 되거나 다른 새로운 숙주와의 접촉 기회를 더 이상 가질 수 없게 된다면 바이러스는 생물로서 살아가기가 어렵다. 이러한 바이러스는 생존을 위해 변화가 필요하게 되는데, 숙주에게 심한 질병을 유발하지 않으면서 본인들의 유전체를 복제하고 바이러스 입자를 생산해 낼 수 있는 바이러스의 필요성이다. 즉, 무작위 돌연변이를 통해 만들어지는 여러 자손 바이러스 중에서 숙주에게 심한 질병을 일으키지 않는 것들을 선택하여 증식하는 것이 보다 유리할 것이다. 그러므로 처음 바이러스와 달리 심한 질병을 야기하지 않는 돌연변이 바이러스에 감염된 숙주는 보다 널리 활발하게 활동할 수 있으므로 새로운 숙주와의 접촉 기회가 많아지고 바이러스는 보다 더 번성할 수 있다. 또한 치사율이 낮고 약한 질병을 유발하는 자손 바이러스의 전파율은 더 높아지게 되는 것이다. 여기서 바이러스가 처한 환경, 숙주 환경에 대하여 다시 한 번 정리해 보면, 바이러스 돌연변이 중에서 다음 세대 바이러스의 생존에 필요한 치사율이 낮은 돌연변이 유전자의 선택자는 결국 숙주인 사람이 되는 것이며, 사람이 바이러스에 감염되어 피해를 입으면서도 숙주 환경을 제공하여 바이러스의 진화에 영향을 미치고 있다는 점은 아이러니하다.

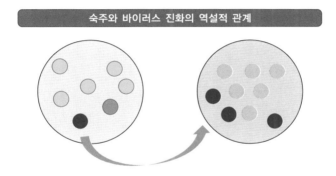

숙주와 바이러스 진화의 역설적 관계

숙주는 바이러스 변화의 장이자 적합한 바이러스를 선택하는 주체

숙주의 변화가 바이러스의 변화이고, 숙주가 바이러스 진화의 방향을 선택하는 선택자의 역할을 할 수도 있다는 점에서 조금 으쓱해질 수 있지만 다소 철학적인 관점의 자기 위안이라고 할 수 있을 뿐, 실제로 우리는 바이러스로 인해 많은 피해를 입고 있는 것이 사실이며, 우리가 환경에 적응하고 살아가는 이면에 환경파괴의 주범이 되고 있는 것과 같은 상황이다. 바이러스에 감염되어

열이 나고 몸이 아픈 상황에서 내가 바이러스의 생존과 진화에 영향을 미치는 숙주 환경을 제공하고 있다고 생각하기란 쉽지 않다. 오히려 내가 아픈 다음 자손 바이러스들의 힘이 약해져서 다음 감염자에게는 도움이 될 수 있을지라도 현재 상황에서 내가 숙주 환경을 제공하는 것은 나에게 득이 되지 않기 때문이다. 그래서 숙주는 당장의 바이러스 감염에 대응할 수 있는 무기를 하나씩 가지고 있는데, 그것이 바로 면역반응이다.

우리 몸의 면역계는 외부로부터 침입한 바이러스를 인식하고 제거할 수 있는 복잡한 메커니즘을 가지고 있다. 바이러스에 감염된 세포는 바이러스에 의해 대부분의 기능을 빼앗기면서도 다른 정상 세포로 감염되는 것을 막기 위해 최대한 노력한다. 바이러스와 함께 스스로 자살(세포자살효과)하는 경우도 있고, 있는 힘을 다해 바이러스에 감염되었음을 알리기도 한다. 이러한 신호를 인지한 우리 몸의 면역 시스템은 바이러스에 특이적으로 작용하는 항체와 같은 물질을 만들어내고, 바이러스에 감염된 세포와 죽은 세포를 특이적으로 인식하여 안전하게 제거하는 면역 세포들을 생산해 낸다. 이러한 면역 시스템의 작동하에서 대부분의 바이러스는 우리 몸에 침투하여 약 2~3주 정도의 자유 시간 상주하다 사라지게 되며, 새로운 숙주를 만나지 못한다면 바이러스는 결국 소멸하게 되는 것이다. 그러므로 바이러스 입장에서는 이러한 면역 시스템에 의해 특이적으로 인식되어 사라지는 상황에서 벗어나는 것이 중요하다. 그래서 바이러스는 돌연변이를 통해 면역 시스템에 의해 인식되는 부위의 변화를 도모한다. 바이러스의 증식 과정에서 무작위로 일어나는 돌연변이 유전자 중에서 면역 시스템의 특이적 인식을 벗어난 변이가 선택되어지는 것이고, 우리 몸의 면역 시스템 또한 바이러스의 진화에 영향을 미치는 숙주 환경의 변화가 될 수 있는 것이다.

지금까지 질병의 정도, 면역 반응 등과 같은 숙주 환경이 바이러스의 진화에 영향을 줄 수 있다는 점에 대해 이야기해 보았다. 무작위로 일어나는 바이러스의 돌연변이 중에서 다음 생존에 적합한 것들을 선택하는 주체가 바로 숙주가 될 수도 있겠다는 것이다. 그러나 돌연변이는 언제나 원하는 만큼 발생하는 것이 아니다. 확률적인 것일 뿐, 반드시 원하는 부위의 돌연변이가 발생하는 것도 아니다. 하지만 돌연변이의 속도, 돌연변이의 발생률이 높아지다 보면, 새로운 환경에 적합한 유전자 부위의 변이를 보다 쉽게 얻어낼 수 있을 것이다. 그렇다면 바이러스 입장에서 돌연변이의 발생률을 높이는 요인은 무엇일까?에 대해 고민해 볼 수 있다. 결국은 숙주 환경하에서 바이러스의 돌연변이의 빈도를 높여주는 요인은 무엇일까?라는 것이다.

뮤타젠이 인간 유전자의 돌연변이를 증가시키는 물질이듯이 바이러스의 돌연변이를 증가시키는 숙주의 요인도 반드시 존재할 것이다. 이에 대한 필자의 가정을 설명해 보고자 한다. 바이러스의 복제 효소는 숙주 세포 안에서 작동하게 된다. 말 그대로 바이러스 복제 효소는 바이러스의 유전체를 복제하는 데 역할을 하며, 그 자체에 에러율을 가지고 있어 복제 과정 중에 바이러스 유전자의 염기서열 부위의 돌연변이를 유발한다. 만일 복제 효소의 에러율을 높이는 환경이 만들어진다면 어떻게 될까? 그 환경도 결국은 숙주 환경이라고 할 수 있을 것이다.

첫 번째로, 숙주가 스트레스를 받는 환경을 생각해 보자. 숙주의 스트레스는 고열이 될 수도 있고, 아무것도 먹지 못한 기아 상태일 수도 있고, 그 밖에 여러 가지 상태를 생각해 볼 수 있다. 스트레스 상태의 숙주는 정상적인 세포 환경을 제공하기가 쉽지 않으며, 이러한 세포 환경하에서 바이러스의 복제 효소 또한 큰 영향을 받을 수밖에 없을 것이다. 결과적으로 바이러스 복제 효소의 에러율은 높아질 것이며, 그만큼 돌연변이의 발생 빈도도 높아질 것이다.

두 번째로, 숙주의 생태학적 특징과 관련해서 겨울잠을 자는 동물을 예를 들어 보자. 이러한 동물들은 겨울잠을 자는 동안 체온이 10℃ 이하까지도 내려갈 수 있다. 그리고 겨울잠에서 깨어날 때 다시 정상 체온에 도달하게 되고 비로소 먹이활동과 번식활동을 진행하게 된다. 바이러스의 입장에서는 체온이 급격히 변화하는 동안에는 복제 효소의 정상적인 기능을 기대하기란 쉽지 않다. 만일 겨울잠 기간과 겹쳐서 바이러스에 감염되었을 경우라면 그만큼 바이러스의 돌연변이 발생 빈도가 증가할 것이다.

정리하자면, 숙주의 스트레스 환경이 바이러스 돌연변이의 발생 빈도를 증가시킬 수 있는 중요한 원인이 될 수 있다는 가정이다. 다른 관점으로 이야기하면, 스트레스를 받고 있는 숙주에 감염된 바이러스는 돌연변이 발생 빈도가 증가되어 다른 종의 숙주에 감염될 수 있는 바이러스 또는 기존 바이러스와 다른 특성을 갖는 바이러스로 진화될 수 있는 가능성이 더 높다는 것이다. 물론 이는 필자의 가정이며 과학적으로 증명되어야 할 부분이지만, 최근 발생하고 있는 다양한 신규 바이러스 감염병에 대한 근본적인 대응을 위해 한번 고민해 볼만한 내용이기도 하다.

바이러스는 숙주 의존적이면서 숙주에 의해 영향을 받는다. 사람은 바이러스의 숙주로서 바이러스의 변이와 진화에 영향을 줄 수 있는 숙주 환경을 제공한다. 숙주 환경의 변화는 바이러스의 변이를 유발할 수 있고 새로운 특성의 바이러스로의 진화와도 연관될 수 있다. 그만큼 바이러스는 언제든 불리한 환경에서 벗어나 새로운 환경으로 이동할 수 있다. 우리에게 피해를 입히고 사라지고 다시 새로운 녀석이 나타나는 등 지속적으로 바이러스와 마주할 수밖에 없다. 그럼에도 불구하고 생물과 달리 우리 인간은 바이러스를 알고 있고, 지켜보고 있으며, 연구하고 있다. 또한 우리는 바이러스처럼 살아가지 않으며 상대적으로 긴 수명을 가지고 있고, 자손 한 명을 만들어 내는 과정은 매우 복잡하다. 10개월 동안의 임신과 출산의 고통을 통해 태어난 한명한명이 매우 소중하고 어른으로 성장하기까지 20여 년의 세월이 필요하다. 하루 만에 자손 바이러스를 수백만 개씩 만들어내는 바이러스와는 차원이 다르다. 우리가 바이러스에 제공하는 숙주 환경은 바이러스 돌연변이의 선택자 역할 그 이상이 될 수 있다. 이미 몇 몇 바이러스는 일시적으로나마 인류의 손에 의해 그 운명이 결정되고 있으며, 우리의 관심과 연구는 계속되어야 한다.

무작위 돌연변이

돌연변이는 유전자 염기서열의 변화를 의미한다. 유전자의 돌연변이는 염기서열의 변화, 일부 염기서열의 손실 또는 삽입과 같은 다양한 형태로 나타날 수 있다. 이러한 돌연변이는 대부분 유전자의 정상적인 기능에 영향을 미칠 수 있기 때문에 종의 생존에 부정적일 수 있다. 하지만 어떤 돌연변이는 유전자에 새로운 기능을 부여하여 종이 변화하는 환경에 적합하게 진화할 수 있는 긍정적인 역할을 한다. 돌연변이는 유전물질의 변화이고 세대를 통해 전달될 수 있어 종의 진화와 관련이 깊다. 즉, 종의 진화(Evolution)와 돌연변이(Mutation)는 서로 밀접한 관계를 가지고 있다.

그렇다면 진화의 측면에서 돌연변이의 발생에 대한 질문을 던져볼 수 있다. 돌연변이는 시간이 흐르면서 무작위로 발생하는가, 또는 특정 환경 조건이 돌연변이를 유발하는가에 대한 질문이다. 먼저, 돌연변이가 시간에 따라 무작위로 발생하는 것이라면, A라는 유전자의 돌연변이는 그 세대의 수많은 무작위 돌연변이 중 하나일 것이고, B의 환경 조건에 처해지기 이전에도 이미 존재하고 있었을 것이다. 또한, 돌연변이가 특정 환경 조건에 의해 유발되는 것이라면, 한 세대가 B라는 환경 조건에 처했을 때, A라는 유전자의 돌연변이 발생을 더욱 촉진하게 될 것이다.

이와 관련하여 1943년 살바도르 루리아(Salvador Luria)와 막스 델브뤼크(Max Delbrück)는 대장균과 박테리오파지 실험을 통해 돌연변이는 무작위로 발생한다는 사실을 증명하였다[11]. 박테리오파지에 감염된 대장균은 죽게 되지만, 가끔 박테리오파지에 대한 저항성이 있는 돌연변이 대장균을 발견한 것이다. 만일 저항성 있는 돌연변이가 박테리오파지라는 새로운 환경이 주어진 이후 발생한 것이라면, 모든 반복실험에서 일정 비율의 저항성 대장균이 관찰되어야 하겠지만 실제 실험에서는 매 반복실험마다 저항성 대장균의 발생 빈도가 매우 다양하게 나타난 것이 확인되었다. 이는 박테리오파지라는 환경 이전에 이미 저항성 돌연변이가 무작위로 발생하였고, 해당 돌연변이 대장균의 유무에 따라 박테리오파지라는 환경에서 저항성 대장균이 관찰될 수도 있고 그렇지 않을 수도 있는 것이다.

이로써 돌연변이는 종이 처한 환경에 맞춤형으로 만들어지는 것이 아니고, 언제든 무작위로 발생하고 있다는 사실을 알 수 있다. 종이 처한 환경 조건이 특정한 유전자의 돌연변이를 유발하는 것이 아니라, 무작위 돌연변이 중에서 특정 환경 조건에 적합한 것들이 선택되어 살아남아 존재하는 것을 관찰하고 있는 셈이다. 즉, 진화는 무작위 돌연변이로 이야기할 수 있는 종의 다양성과, 환경변화에 따른 자연 선택에 의해 이루어지고 있는 것이다.

다만, 돌연변이의 방향성과 돌연변이의 발생빈도는 다른 개념이라는 것을 기억할 필요가 있다. 돌연변이는 무작위로 일어나고, 바이러스의 돌연변이 발생빈도는 높은 반면에, 우리 인간은 생체 내 다양한 복구 기작을 통해 돌연변이의 발생빈도를 최소화한다. 그러므로 우리 몸에서 발견되는 발암물질은 인간 생체의 다양한 기작이 작동되지 않아 세포의

---

11) Murray A. Salvador Luria and Max Delbr ck on Random Mutation and Fluctuation Tests. Genetics. 2016;202(2):367-368. doi:10.1534/genetics.115.186163

돌연변이 발생 빈도를 높이는 인체 환경이 제공되었다고 볼 수 있다. 그렇다면 무엇이 바이러스의 돌연변이와 진화에 영향을 주는 중요한 환경 조건이 될 것인가?라는 추가적인 질문을 던져볼 수 있고, 바이러스가 숙주 의존적 생명체라는 것을 감안하면 우리는 그것이 바로 숙주라는 것을 쉽게 짐작해 볼 수 있을 것이다. 이처럼 돌연변이는 무작위로 발생하지만 돌연변이의 발생 빈도는 종과 환경에 따라 달라질 수 있다.

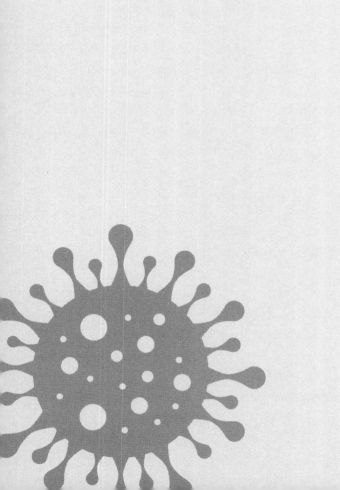

새로운 바이러스의 등장

바이러스와
인류

01
새로운 바이러스는
어떻게
우리에게 오는가?

 우리 인류는 역사적으로 새로운 바이러스성 감염병의 발생으로 피해를 입어 왔다. 기존에 경험해 보지 못했던 새로운 바이러스가 우리 사회에 유입되면 그 파급력은 상당하다. 우리 몸에는 새로운 바이러스에 대한 대비가 전혀 이루어지지 않은 상태이기 때문에, 우리가 새로운 바이러스를 인지하여 방어할 수 있는 면역반응을 형성하기까지는 바이러스에 속절없이 당할 수밖에 없다. 게다가 우리는 최근의 코로나19 사태를 통해 새로운 바이러스 감염병에 의해 몸이 아픈 것 이상의 심각한 사회경제적 피해를 입을 수 있다는 것을 고스란히 실제 체감할 수 있었다. 사회적 거리두기를 포함하는 다양한 방역 정책은 그 강도에 따라 사람들의 사회적 활동과 경제 활동에 상당한 영향을 끼치게 되고, 바이러스에 의한 직접적인 피해 규모 이상의 경제적 피해도 축적되고 있는 상황이다. 바이러스에 감염되느냐 마느냐의 문제 이상으로 먹고 사는 문제가 대두되었고, 이런 상황 속에서 바이러스 감염병에 대한 두려움뿐만 아니라 보다 복잡한 감정과 시각들이 사회 곳곳에서 나타나고 있다. 이럴 때일수록 우리는 가짜 뉴스나 비이성적인 혐오에 휩쓸리지 않고 새로운 바이러스 감염병에 대한 올바른 지식을 바탕으로 현명한 대응을 위해 함께 지혜를 모아야 할 것이다.

인류는 또한 지금까지 경험했던 다양한 바이러스에 대응할 수 있는 진단 기법, 예방 백신, 치료제 연구개발을 꾸준히 계속해 왔다. 하지만 이러한 것들은 모두 기존에 우리가 알고 있는 바이러스들에 대한 것이 대부분이며, 새로운 바이러스가 유입되면 기존의 방법들은 바로 적용할 수 없다. 결국 기존의 기술을 바탕으로 새로운 바이러스 맞춤형 진단 기법, 예방 백신, 치료제 등을 처음부터 개발해야 하는 상황이다. 그러므로 새로운 바이러스 감염병에 대응할 수 있는 초기 전략은 검역과 방역에 초점을 맞출 수밖에 없고, 바이러스 예방 백신은 상당 시간이 지난 이후에나 적용할 수 있는 전략이 될 것이다. 이미 불타버린 모닥불에 남아 있는 작은 불씨를 물로 끄는 모습이라고나 할까? 그래서 지금은 새로운 바이러스 감염병이 발생하기 전에 선제적으로 대응할 수 있는 방법에 대한 우리들의 고민이 필요한 시점이다. 비판론자들은 아무도 예측할 수 없는 신의 영역이며, 현실적인 대안이 없는 이상적인 생각이라고 비판할 지도 모른다. 물론 과학적인 실험과 데이터를 통한 증명이 가장 중요하겠지만, 그 이전에 새로운 바이러스의 등장과 관련해서 우리가 알고 있는 내용과 가설 등을 바탕으로 미리 생각해 보고 고민하면서 과학적 증명을 위한 질문을 예견하여 먼저 던져 볼 수도 있지 않을까?

그렇다면 새로운 바이러스는 어떻게 우리 사회에 들어오게 되는 것일까에 대해서도 생각해 보자. 아직까지 명확한 원인과 기전이 밝혀진 바는 없다. 다만, 인간의 다양한 사회경제 활동과 연계되어 가축이나 야생동물에서 순환하던 바이러스가 인간으로 전파되었을 가능성이 제시되고 있다. 실제 우리가 가축화하여 키우고 있는 개, 소, 돼지, 닭 등은 우리 인류와 다양한 종류의 바이러스를 공유하고 있다. 물론 바이러스가 아닌 세균이나 진균도 사람과 동물에 모두 감염을 일으키며 질병을 유발할 수 있다. 바이러스 중 가장 대표적인 것이 광견병 바이러스이다. 이 광견병 바이러스는 따뜻한 피를 가진 동물에는 모두 감염되는 것으로 알려져 있다. 그만큼 숙주의 범위가 상당히 넓다. 언제 발생했는지 알 수 없지만 광견병 바이러스는 과거 어느 시점에 우리 인류에 발생했을 것이고, 다른 동물들과의 상호 작용 속에서 지속적으로 증식하고 전파되었을 것이다. 결국 광견병은 과거 우리 인류에게 신규 바이러스성 감염병으로 다가왔고, 지금은 전 세계적으로 발생하고 있는 새롭지 않은 전염병이 되었다. 최근에는 북미, 호주 등에서 서식하는 박쥐에서 기존에 우리가 알고 있던 광견병 바이러스뿐만 아니라 더욱 다양한 형태의 친척 바이러스[12]들이 발견되었다. 실제 몇 가지 친척 바이러스는 광견병 바이러스와 유사한 질병을 유발하는 것으로 알려졌으며, 하나로 존재하는 것으로 알고 있었던 광견병 바이러스가 사실은 가깝거나 먼 친척들을 많이 가지고 있다는 것이다. 세상에는 우리가 알고 있는 바이러스 이상의 많은 바이러스들이 사람 이외의 다양한 동물에서 순환하고 있고 진화하고 있다. 즉, 우리가 이야기하는 새로운 바이러스라는 것이 지구 전체적으로 보았을 때는 새롭지 않을 수 있다. 우주에서 뚝 떨어지지 않은 이상 새로운 바이러스 역시도 지구상 어딘가 우리가 미처 몰랐던 동물들에서 보이지 않는 순환을 하고 있다가 이제야 우리에게 다

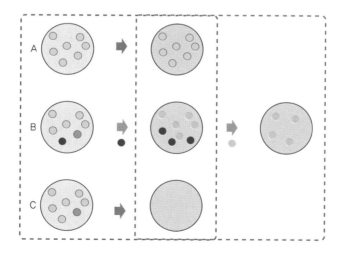

---

12) 리사바이러스(Lyssavirus) 속에 포함되는 다양한 종의 바이러스를 의미하며, 광견병 바이러스
(Rabies lyssavirus)는 리사바이러스 속에 포함되는 하나의 종이라고 할 수 있다.

가왔을 뿐이다. 따라서 과거에는 주로 사람과 가축의 바이러스성 감염병을 주로 연구했었다면, 이제는 이전에 깊게 관심을 가지지 않았던 야생동물까지 그 연구 범위를 확대할 필요가 있다.

　사실 수의학의 발전과 더불어 우리는 반려동물과 가축에서 존재하는 바이러스 감염병에 대한 많은 지식을 쌓아 오기는 했지만, 가축의 전염병 연구에서도 최근 사람에게 발생하는 새로운 바이러스 감염병과의 관련성조차도 완전히 설명할 수 없는 상황이다. 앞서 이야기한 것처럼 야생동물에는 우리가 알지 못했던 보다 광범위한 종류의 바이러스가 존재하고 있다. 특히 최근 발생한 사스(Severe Acute Respiratory Syndrome, SARS), 메르스(Middle East Respiratory Syndrome, MERS), 코로나19(Coronavirus Disease of 2019, COVID-19) 등은 기존에 우리가 사람이나 가축에서 발견한 적이 없었던 새로운 코로나바이러스가 원인체이다. 그러나 이러한 새로운 코로나바이러스와 상당히 유사하거나 가까운 친척관계의 코로나바이러스가 박쥐를 비롯한 야생동물들에서 발견되고 있다. 아직 명확한 인과관계가 밝혀지지 않았지만, 적어도 최근 우리 인류를 위협하는 새로운 바이러스 감염병은 대부분 야생동물과 연관성이 있다는 점에서는 부인할 수가 없다. 물론 사람의 바이러스가 야생동물에 전파될 수도 있지만, 여기에서는 야생동물의 바이러스가 사람으로 전파되는 관점에서 주로 이야기해 보고자 한다.

바이러스학자들은 야생동물에서 순환하는 바이러스가 어떤 요인에 의해 사람을 포함한 다른 동물로 전파되는지에 대한 몇 가지 가설을 제시해 왔다. 첫 번째로, 야생동물을 사냥하여 야생동물의 고기를 함부로 먹는 행위이다. 이번 코로나19의 경우에도 원인체인 SARS-CoV-2와 유전적으로 약 96% 유사한 코로나바이러스가 중국의 중간관박쥐에서 발견되었고, 대중매체를 통해 아시아인이 박쥐를 이용한 음식을 먹는 동영상이 유포되기도 하였다. 박쥐를 잡아먹는 문화가 코로나19 발생의 주요 원인인 것처럼 널리 전파되었고, 아시아인 또는 타민족에 대한 혐오현상으로 이어지기도 하였다. 하지만 SARS-CoV-2와 유사한 코로나바이러스가 발견된 박쥐는 중국의 중간관박쥐로서 동영상 속의 박쥐와는 다른 종이었다. 새로운 바이러스와 연관성이 있는 박쥐는 모든 박쥐가 아니라 관박쥐 속으로 분류되는 몇 가지 종의 박쥐라는 점에서 신중해야 할 필요가 있다. 단순하게 사스와 코로나19의 원인 바이러스가 박쥐와 관련이 깊다는 광범위한 접근보다는 사스와 코로나19의 원인 바이러스가 중국의 적갈색관박쥐, 중간관박쥐 등에서 발견되는 코로나바이러스들과 관련될 수 있다고 이야기하는 것이 보다 정확하다. 또한 인류는 역사적으로 사냥을 통해 다양한 야생동물을 식량으로 삼아 왔고, 지구 여러 나라에서는 지금도 이런 활동들이 이어지는 곳이 존재한다. 따라서 바이러스의 전파와 관련하여 야생동물을 잡아먹는 행위를 무조건적으로 비난하기 이전에 이러한 행위와 새로운 바이러스 발생 사이의 메커니즘에 대해 차분하게 짚어볼 필요가 있다.

야생동물을 사냥하여 잡아먹는 행위는 야생동물에서 순환하고 있는 바이러스와 접촉할 수 있는 기회를 높인다는 점에서는 그 위험성을 부인할 수 없지만, 실제로 바이러스보다는 다른 위험한 세균이나 기생충성 질병에 걸릴 가능성이 훨씬 높다. 특히 야생동물의 고기나 내장을 익히지 않고 날 것으로 섭취하는 것은 상당히 위험하다. 몇 가지 기생충들은 생태계의 먹이사슬을 이용해서 기생하는 숙주의 다양한 장기에 기생하고 있다. 또한 어떤 기생충이 사람을 최종 포식자로 생각한다면 소장과 대장 같은 소화 기관에 정착하여 알을 낳는 번식활동에 집중하겠지만, 만일 사람을 다른 포식자의 먹이로 생각하게 된다면 근육이나 신경계까지도 침투하여 보다 심한 질병을 유발할 것이다. 다만, 일반적인 기생충은 한 번 감염되면 상당히 오랜 기간 숙주에 머무르는 특성이 있는 반면 바이러스는 조금 다를 수 있다.

일반적으로 바이러스는 한 숙주에 지속적으로 머물면서 증식하기보다는 2~3주 정도 증식하다가 숙주의 면역반응에 의해 사라지는 경우가 더 많다. 지속 감염을 통해 숙주에 오랫동안 머물 수 있는 바이러스는 극히 드물다. 즉, 바이러스에 감염된 야생동물과 마주치는 확률은 그렇지 않은 경우보다 상당히 낮고, 야생동물의 생활 습관에 따라 그 확률은 다양하게 나타난다. 바이러스의 숙주 의존성을 생각하면 단독생활을 하는 야생동물보다는 집단생활을 하는 야생동물이 바이러스에게 더 유리한 숙주가 될 것이다. 집단 또는 무리에 유입된 바이러스는 보다 쉽게 전파되고 증식할 수 있으므로 바이러스 유행기간은 2~3주보다 훨씬 더 길어질 것이다. 개체 단위로 보면 2~3주지만 집단 단위에서는 숙주를 옮겨 다니면서 오랫동안 머물 수 있다. 또한 집단 내에 지속적으로 머물면서 순환하는 상태로 이어질 가능성이 매우 높다. 물론 방어면역을 갖는 개체가 많아지면서 집단면역을 형성하겠지만, 해당 야생동물의 번식기와 같은 생태학적 특성에 따라 유행 주기나 취약 집단이 존재한다면, 바이러스의 유행기간에 집단 내 취약 구간을 중심으로 바이러스의 증식이 더 쉽게 일어나고, 이러한 시기에 처한 야생동물과 접촉할 경우 해당 야생동물에서 순환하는 바이러스를 만날 가능성은 상대적으로 훨씬 높아질 것이다.

그렇다면 이러한 집단생활을 하는 야생동물과 만날 확률을 높여주는 요인은 무엇일까에 대해 이야기해 보자. 가장 먼저, 인간의 각종 개발활동으로 인한 야생동물 서식지 파괴를 생각해 볼 수 있다. 환경오염이나 자연생태계의 파괴는 야생동물과 인간 또는 야생동물과 가축의 접촉 가능성을 높이는 주요 원인으로 지목되고 있다. 인간이 야생동물의 서식지로 들어가는 것뿐만 아니라, 야생동물이 인간의 영역으로 들어올 수밖에 없는 환경을 만들었다. 인간과 야생동물의 터전이 서로 겹치게 되면 자연적으로 상호 간의 빈번한 접촉은 당연히 짐작할 수 있을 것이다. 이와 관련하여 대표적인 신종 바이러스 감염병이 바로 니파바이러스 감염증이었으며,

1999년 말레이시아에서 처음 보고된 니파바이러스 감염증은 사람에게 매우 치명적인 질병이었다. WHO 자료[13]에 따르면 발병 초기 역학조사 결과 비슷한 질병을 보이는 돼지와의 직접적인 접촉이 니파바이러스 감염증과 연관성이 있는 것으로 밝혀졌다. 2001년에는 방글라데시에서 동일한 감염병이 발생했는데, 왕박쥐 속(Genus)에 포함되는 과일박쥐의 분비물에 오염된 과일을 섭취한 경우가 감염의 주요 원인이었다. 이후, 말레이시아의 사례도 과일박쥐의 분비물에 오염된 과일을 밖에서 기르던 돼지가 섭취하여 니파바이러스에 감염됨으로써 결과적으로 사람에 전파되었던 것으로 알려졌다. 서식지 겹침에 의해 사람들의 터전과 과일박쥐의 터전이 겹치면서 과일이라는 공통 매개물을 통해 야생동물의 바이러스가 사람으로 전파된 사례였던 것이다. 특히 이 경우에는 사람과 과일박쥐에서 발견되었던 바이러스가 서로 친척관계를 넘어 동일한 니파바이러스로 밝혀지면서 야생동물과 사람 사이에 동일한 바이러스가 직접적으로 순환될 수 있다는 증거를 보여준 계기가 되었다.

두 번째로, 집단생활을 하는 야생동물과 만날 확률을 높여 주는 요인으로 기후 변화에 의한 야생동물 생태와 개체수의 변화라고 할 수 있다. 지구 온난화와 관련이 깊은 기후 변화는 사람뿐만 아니라 야생동물에도 영향을 미칠 수 있고, 주로 기후 변화에 의한 야생동물의 생존과 먹이 활동 변화와 관련이 깊다. 그것은 겨울날씨에 생존 확률의 변화가 있을 수 있고, 가뭄이 들어 먹이가 줄어

---

13) https://www.who.int/news-room/fact-sheets/detail/nipah-virus

드는 등 기후변화에 따른 개체수 변화가 곧 바이러스가 증식할 수 있는 숙주의 변화이기 때문이다. 실제 전 세계적으로 신증후군 출혈열이나 한타바이러스 폐증후군을 유발하는 한타바이러스 속[14]의 바이러스들은 사람에게만 감염되는 것이 아니라 중간매개동물로서 등줄쥐와 같은 몇 가지 야생 설치류에도 감염된다. 따라서 역학적으로 바이러스에 오염된 해당 야생 설치류의 분비물에 접촉하게 되는 경우가 사람이 바이러스에 감염되는 일반적인 경로이다. 결국 신증후군 출혈열의 발생 빈도는 한타바이러스에 감염된 중간매개동물인 야생 설치류의 개체수 증가와 관련이 깊다. 물론 해당 설치류에서 바이러스의 감염률과 유행 패턴에 따라 바이러스에 감염된 개체수의 변화가 있을 수 있지만, 전체 개체수의 증가로 인해 바이러스에 감염된 개체수도 따라서 증가하게 된다. 또한 설치류의 생존에 적합한 기후변화는 개체수의 증가를 가져오고 이는 번식활동과 관련이 깊다. 번식활동은 곧 바이러스에 취약한 (방어면역을 가지고 있지 않은)개체의 증가로 이어지고 바이러스는 보다 활발히 전파되어 증식할 수 있다는 것이다. 이와 관련하여 엘니뇨와 같은 기후 변화가 신증후군 출혈열의 발생과 연관될 수 있다는 보고도 있었다.[15] 특히, 한타바이러스 속의 바이러스들은 저마다 고유의 중간매개 설치류가 존재하고 전 세계에 다양하게 분포하고 있다. 따라서 기후 변화에 따른 중간매개 설치류들의 생태와

---

14) 실제 공식분류는 Orthohantavirus 속이다.
15) Tian H, Stenseth NC. The ecological dynamics of hantavirus diseases: From environmental variability to disease prevention largely based on data from China. PLoS Negl Trop Dis. 2019;13(2):e0006901.

개체수 변화는 서로 다른 지역에서 유행하고 있던 바이러스의 상호 전파로 이어질 수 있고 우리에게 새로운 바이러스가 유입될 수 있는 하나의 경로가 될 수 있다는 점에서 주목할 만하다.

　지금까지의 이야기를 정리해 보면, 각종 개발활동으로 인한 야생동물 서식지의 파괴, 기후 변화에 따른 야생동물 생태와 개체수 변화 등이 새로운 바이러스의 발생과 연관될 수 있다는 것을 유추할 수 있고, 야생동물과의 접촉 빈도가 높아지면 야생동물에서 순환하는 바이러스가 우리에게 전파될 수 있는 가능성이 높아질 수 있다는 것이다. 더욱이 집단생활을 하는 야생동물은 유행주기에 매우 높은 바이러스 감염률을 나타낼 수 있으므로 전파 위험도는 상대적으로 더 높아질 수 있다. 특히 앞서 예를 들었던 니파바이러스와 한타바이러스 등은 실제로 사람과 동일한 바이러스가 과일박쥐와 설치류에서 순환하고 있다는 점에서, 명확히 야생동물과의 빈번한 접촉이 바이러스 전파의 위험 요인이라는 것을 보여주었다. 다만, 바이러스는 일반적으로 숙주 특이도가 높은 편이기 때문에, 이 바이러스들이 어느 순간 갑자기 나타났다고 보기는 쉽지 않다. 따라서 현 시점에서 니파바이러스와 한타바이러스는 사람과 동물에 동시에 감염될 수 있는 바이러스로서 관찰된 것일 뿐이며, 이전에 야생동물에서 순환하고 있던 바이러스가 우리와 접촉할 수 있는 기회가 높아지면서 사람이라는 새로운 숙주를 만나 새로운 숙주 환경에 맞추어 진화해 왔을 가능성이 더 높다.

하지만 여기서 조금 더 깊이 생각해 보면 머리가 복잡하다. 다시 한 번 강조하자면 대부분의 바이러스는 숙주 특이도가 높은 편인데, 한 종의 동물을 숙주로 진화한 바이러스가 다른 종의 동물에 감염되기란 쉽지 않다는 것이다. 2019년 우리나라 양돈산업에 큰 피해를 끼친 아프리카 돼지열병 바이러스는 돼지에 감염되어 100%에 가까운 치사율을 나타내지만 사람에는 감염력이 없는 것으로 알려져 있다. 심지어 소에서 설사병을 유발하는 코로나바이러스는 사람의 호흡기 증상을 유발하는 코로나바이러스 OC43과 상당히 유사하지만, 일반적인 소 코로나바이러스가 사람에 직접적으로 감염되는 사례는 보고된 바가 없다. 무엇보다 사람은 야생동물보다 소, 돼지와 같은 가축들과 아주 빈번하게 접촉하고 있다고 할 수 있다. 그러나 바이러스는 숙주 특이도를 가지고 있기 때문에 빈번한 접촉만으로 새로운 종의 숙주에 직접적으로 전파되어 감염하기가 어렵다. 왜냐하면 접촉 시점에 해당 야생동물에 감염되어 증식하고 있던 바이러스에서 적더라도 사람이라는 새로운 숙주에 감염될 수 있는 능력을 가진 돌연변이 바이러스가 생산되어야 하기 때문이다. 즉, 일차적으로 숙주 특이도라는 종간 장벽을 뛰어넘어야 하며, 이 단계를 뛰어넘어야 비로소 바이러스는 새로운 숙주에서 증식할 수 있는 기회를 얻게 된다. 증식을 통해 다양한 돌연변이 바이러스를 생산해 낼 수 있고, 그 중에 가장 적합한 것들이 지속적으로 선택되는 진화 과정을 통해 비로소 사람의 바이러스로 정착하게 된다. 그리고 이즈음에 우리에게 서서히 관찰되기 시작하겠지만, 바이러스를 인지하고 처음 관찰한 시점이 되면 이미 바이러스의 진화가 끝난 상태일 가능성이 높다.

　또한 앞서 살펴본 바와 같이 대부분의 바이러스는 숙주에 지속적으로 남아 있는 경우가 드물다. 바이러스가 숙주에 감염되어 증식하고 바이러스 입자를 생산해 내지만 숙주에 큰 피해를 입히는 경우에는 숙주와 함께 사멸하게 되고, 숙주에게 큰 피해를 입히지 않는다 하더라도 숙주의 면역반응에 의해 바이러스는 결국 제거될 것이다. 따라서 한 종의 숙주에 감염될 수 있는 바이러스가 새로운 종으로 전파되려면 감염에 따른 바이러스 입자의 배출 시점과 맞아 떨어져야 하는 만큼 쉽게 일어나기는 어렵다. 다시 말하면, 일반적인 바이러스는 숙주에 감염되어 다른 숙주에 전파될 수 있는 감염능이 있는 바이러스 입자를 생산해 내는 기간은 제한적이므로, 그냥 야생동물과의 빈번한 접촉이라기보다는 바이러스에 감염된 야생동물과의 접촉 빈도가 높아져야 한다고 표현해야 더욱 정확하다. 즉, 야생동물도 바이러스가 순환하는 유행 시기가 있을 것이고 이는 야생동물의 생태학적인 특성과 연관될 가능성이 높기 때문에, 결국 야생동물에서 순환하는 바이러스가 사람으로 감염되기 위해서는, 유행 시기에 바이러스에 감염된 야생동물과 사람의 접촉이 있어야 하고, 바이러스는 종간 장벽을 넘기 위해 사람에 감염될 수 있는 능력을 가진 돌연변이 바이러스를 만들어내야 한다. 이 돌연변이는 무작위로 일어나기 때문에 새로운 숙주 감염능을 갖는 돌연변이 바이러스가 만들어질 가능성이 낮기는 하지만,

돌연변이의 빈도를 높이는 요인이 있다면 무작위로 일어나는 돌연변이에서도 숙주 특이도를 결정하는 부위의 돌연변이가 일어날 가능성은 상대적으로 높아질 것이다. 그렇다면 우리는 야생동물에서 순환하는 바이러스의 돌연변이 빈도가 높아지는 요인이 무엇일까에 대한 새로운 질문을 해 볼 수 있다.

결국 인류를 위협하는 새로운 바이러스는 야생동물에서 유래했을 가능성이 높지만, 단순히 빈번한 접촉만으로 설명하기에는 쉽지 않은 것이 현실이다. 그러므로 야생동물의 생태학적인 특성, 번식활동, 포육활동 등과 연계되어 바이러스가 주로 감염되어 증식하는 시기에 접촉하는 것이 물리적으로 바이러스에 노출될 수 있는 상황이다. 접촉 방식은 그들의 서식로로 침투될 수도 있을 것이고, 그들과 생태적 특성을 공유하는 또 다른 야생동물이나 가축을 중간매개동물로 할 수도 있을 것이다. 따라서 야생동물의 생태와 바이러스의 주요 감염 시점에 대한 기초 정보가 필요하다. 또한 어떤 동물들이 비슷한 생태학적 특성을 바탕으로 바이러스 공유에 대한 정보를 알게 된다면 보다 유기적인 바이러스의 순환 생태를 이해할 수 있을 것이다. 이러한 접촉 상황에서의 바이러스는 새로운 숙주로 감염될 수 있는 만큼의 충분한 돌연변이가 필요할 것이다. 그렇다면 이러한 돌연변이의 촉진 요인들은 돌연변이 빈도가 높아지면 새로운 숙주에 감염될 수 있는 자손 바이러스가 만들어질 확률이 더욱 더 높아지기 때문일 것이다. 그러므로 바이러스가 밀접하게 상호작용하고 있는 숙주의 변화가 바이러스의 돌연변이를 촉진하는 것은 아닐까? 또한 숙주의 변화가 바이러스의 돌연변이에 영향을 미치는 것이라면, 야생동물 숙주의 변화에 중요한 영향을 미치는 궁극적 원인은 결국 사람이 아닐까? 이러한 새로운 관점과 아이디어를 바탕으로 어떻게 새로운 바이러스가 우리 사회에 유입되는가에 대한 광범위하고 진지한 논의가 그 어느 때보다 요구되는 상황이다.

02
야생동물의
바이러스 돌연변이와
새로운 바이러스로의 진화

　우리가 전자현미경을 통해 관찰했던 바이러스는 바이러스의 본모습이라기보다는 바이러스의 유전체를 안전하게 다른 숙주로 운반하는 운반체라고 할 수 있다. 그리고 바이러스의 유전체는 숙주에 감염되었을 때만 복제되고 새로운 바이러스 입자들을 만들어 낼 수 있다. 바이러스 입자 안에서 바이러스의 유전체는 변하지 않으며, 숙주 세포에 감염되어 복제될 때 비로소 바이러스의 유전체는 변할 수 있다. 바이러스의 입장에서 유전체는 생존을 위한 씨앗과 같은 역할을 하게 되고, 대부분의 바이러스는 자신의 유전체를 복제하는데 필요한 고유의 복제 단백질을 가지고 있다. 일반적으로 숙주 세포의 복제 단백질에 비해 바이러스의 복제 단백질은 복제 과정 중의 에러율이 상대적으로 높은 편이다. 따라서 바이러스의 유전체 복제가 진행되는 과정 중에 돌연변이 유전체가 만들어질 수 있으므로, 유전체의 변화는 돌연변이 때문이며 무작위로 일어나게 된다. 그러므로 바이러스는 숙주 세포에 감염되어 복제될 때, 돌연변이를 가진 자손 바이러스를 만들어 낼 수 있는 것이다. 즉, 바이러스는 숙주가 존재해야 복제할 수 있고 진화할 수 있는 존재로서, 숙주의 변화가 곧 바이러스의 변화인 것이다. 바이러스가 현재의 숙주에서 다른 종의 숙주로 옮아가기 위해서는 서로 다른 종의 숙주 간에 바이러스를 교환할 수 있는 기회가 생겨야 하는데, 이는 숙주 간의 만남이나 접촉이 이루어져야 한다는 것이다. 이것은 서로 생태적으로 연결되어 있을 수도 있고, 인간이 관여한 인위적인 환경에 의해 연결될 수도 있다. 그리고 숙주 간의 접촉 빈도의 증가뿐만 아니라 그냥 숙주가 아닌 바이러스에 감염된 숙주와의 접촉이 반드시 이루어져야 한다. 그리고 그 시점에 감염된 숙주에서 복제하는 바이러스의 무작위 돌연변이 자손바이러스 중에 다른 숙주에 감염될 수 있는 돌연변이 바이러스 입자가 만

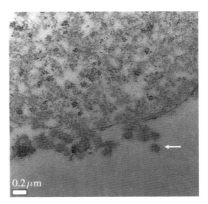

▌ 전자 현미경으로 본 바이러스 사진

0.2 μm

들어져야만 한다. 이 무작위 돌연변이 중 새로운 숙주 감염능을 갖는 돌연변이의 발생 빈도가 높을 때 돌연변이 발생률도 높다.

그렇다면 먼저 무엇이 돌연변이 발생 빈도를 높일 수 있을까에 대해 고민해 보자. 첫 번째는, 바이러스 유전체 복제의 절대량을 높여 주는 방법이 있다. 바이러스 유전체 복제가 많아지면 많아질수록 에러율에 따라 만들어지는 돌연변이 부위도 많아질 것이다. 단순하게 계산해 보더라도 유전체 하나당 에러율이 1%일 때 유전체 100개가 복제될 때와 1,000개가 복제될 때 만들어지는 돌연변이의 절대량은 1개와 10개의 차이가 발생한다. 바이러스 복제의 절대량을 늘리는 방법은 주변에 새롭게 감염될 수 있는 숙주가 많으면 많을수록 높으므로, 집단생활을 하는 동물을 숙주로 하는 경우에 해당된다. 집단생활을 한다는 것은 바이러스가 감염될 수 있는 숙주가 밀집되어 있어 그만큼 숙주 간의 접촉을 통한 바이러스 전파가 용이하다. 바이러스 입자는 외부 환경에 노출되면 언젠가는 사라지게 되지만, 주변에 숙주가 많으면 사라지기 전에 다시 새로운 숙주에 감염되어 생존은 이어진다. 결국 집단생활을 하는 동물에 바이러스가 유입되면, 바이러스의 복제량과 돌연변이 발생량은 다른 동물에 비해 높아질 수밖에 없다. 이런 관점에서, 최근 인류에게 발생하는 신규 감염병의 원인체 바이러스와 동일하거나 유사한 바이러스가 박쥐에서 상대적으로 높은 빈도로 발견되는 이유 역시 박쥐의 집단생활과 관련이 깊을 것이라는 것은 더 분명해진다.

두 번째로는, 숙주의 환경에 의한 바이러스 돌연변이의 증가 요인을 고려해 보자. 이 부분은 사실 과학적으로 증명되어야 하는 부분이긴 하다. 바이러스가 한 종의 숙주에 감염되면 자신의 유전체를 복제하게 되고 어느 정도의 돌연변이가 발생하게 된다. 일반적으로 동일한 종의 숙주라면 돌연변이 바이러스의 발생 비율에는 큰 차이가 없을 것이다. 바이러스는 숙주 의존성 생물이므로 숙주 환경의 영향을 많이 받는다. 바이러스의 복제 단백질이 정상적인 기능을 하려면 숙주 세포의 환경이 정상적이어야 한다. 그러나 숙주가 평소와는 다른 환경을 제공하게 되면 바이러스의 돌연변이 발생 빈도에는 어떤 변화가 있을까? 만일 숙주 세포의 환경이 열악해지거나 급변했다면 바이러스 유전체 복제 단백질의 기능 또한 정상적으로 작동되기 어려울 수 있다. 이런 상황에서 돌연변이 바이러스의 발생 빈도도 훨씬 높아질 것이라고 쉽게 예상할 수 있다. 숙주의 스트레스가 바이러스의 돌연변이를 높일 수 있고, 이것이 새로운 숙주에 감염될 수 있는 돌연변이 바이러스의 발생 빈도를 높인다는 뜻이다.

그렇다면 어떤 요인들이 숙주의 스트레스를 높이는 것일까? 현재 명확히 증명된 것은 아니지만 몇 가지 가정을 해 볼 수 있고, 가장 먼저 바로 사람에 의한 스트레스를 생각할 수 있다. 인류 사회의 확장과 자원 개발로 인해 야생동물의 서식지는 지속적으로 파괴되고 있다. 서식지의 파괴는 먹이 부족과 관련되기 쉽고, 먹이가 부족하면 야생동물은 기아에 빠지게 된다. 이러한 영양부족 상태는 숙주에 기생하는 바이러스의 복제에 영향을 미칠 수 있다.

두 번째는, 야생동물을 거래하거나 밀수하기 위해 다양한 동물을 한 공간에 가두어 놓는 환경을 생각해 볼 수 있다. 이는 야생동물에 스트레스를 줄뿐만 아니라 바이러스가 다양한 숙주에 노출될 수 있는 환경을 제공한다. 만일 숙주의 스트레스가 바이러스의 돌연변이를 증가시킬 수 있다면, 이러한 환경은 돌연변이 바이러스가 새로운 숙주에 쉽게 접촉할 수 있는 가능성도 높여 줄 수 있게 되고, 서로 생태적으로 연결되지 않는 야생동물 간의 인위적인 접촉 기회를 제공할 수 있기 때문이다.

세 번째로, 야생동물의 생태학적인 특징과 연계해서 생각해 볼 수 있다. 숙주 환경을 바꿀 수 있는 동물의 생태학적인 특성은 무엇이 있을 수 있을까? 그것은 바로 동면과 같은 극단적인 숙주 환경의 변화이다. 동면을 한다는 것은 숙주의 체온이 급격히 떨어지는 것을 의미한다. 체온의 급격한 변화는 바이러스 복제 단백질의 기능에 영향을 미칠 수 있을 것이다. 만일 동면 시점에 바이러스에 감염되었다면 바이러스는 동면 기간을 지나면서 정상적인 유전체 복제 활동을 이어가기가 쉽지 않을 것이다. 일반적으로 대부분의 단백질은 정상 체온 범위에서 정상적으로 작동하기 때문이다. 따라서 동면 기간은 바이러스의 돌연변이 발생에 큰 영향을 줄 수 있는 요인이 될 수 있다.

앞서 살펴본 여러 이야기들을 정리해 보면, 최근 사람에게서 발생하고 있는 새로운 감염병의 원인체 바이러스가 왜 박쥐에서 발견되는 바이러스와 관련되고 있는가에 대한 부분적인 대답을 추측해 볼 수 있다. 박쥐는 곤충을 잡아먹는 종들과 과일을 먹이로 하는 종들로 구분된다. 과일을 먹는 박쥐는 과일박쥐라고도 하며, 대부분 열대지방의 큰 박쥐들이 이에 해당될 수 있다. 나머지 대부분의 박쥐는 주로 곤충을 먹이로 하면서 숲, 동굴, 폐광 등 다양한 서식지에서 집단생활을 한다. 박쥐의 활동 반경은 매우 넓은 편이어서 바다 건너 섬에서도 발견된다. 숲과 동굴 등 박쥐의 종에 따라 서식지는 다양할 수 있지만, 다양한 종의 박쥐가 하나의 동굴에 무리지어 서식하는 특징을 보이기도 한다. 박쥐의 분변은 구아노라고도 하는데, 박쥐가 무리지어 쉬고 있는 장소에 쌓여 구아노 더미를 형성한다. 이렇듯 박쥐의 집단생활은 바이러스가 유입되었을 때 집단 내에서 지속적으로 순환할 수 있는 기회를 제공한다. 뒤쪽에서 집단면역과 바이러스에 대한 이야기를 조금 더 자세히 다루겠지만, 바이러스는 박쥐 무리에서 취약 집단을 중심으로 감염과 전파를 이어나갈 수 있다. 즉, 바이러스는 안정적인 숙주 환경 내에서 지속적으로 증식할 수 있는 것이다. 또한 박쥐의 생태학적 특성 중 주목해 볼 만한 것은 동면을 하는 종들이 존재하는 것이다. 앞서 이야기한 것처럼 동면은 숙주 환경에 있어 급격한 변화이다. 국내 연구보고[16]에 따르면 몇 종의 박쥐는 동면에 들어가면 체온이 10℃ 아래로 떨어지는 것을 확인한 바 있다. 이처럼 체온이

---

16) 김선숙, 최유성, 유정칠. 동굴성 박쥐 7종의 온도선호도와 동면처 선택. Korean journal of ecology and environment 2014, 47(4):258-272

상당한 수준으로 떨어지게 되므로 동면 기간 동안에는 바이러스에 감염되어 있더라도 바이러스의 증식은 어려울 것이다. 다만, 바이러스가 박쥐에 감염되어 있는 경우 정상체온을 기준으로 동면에 들어가는 시점과 동면에서 깨어나는 시점에 바이러스의 복제 과정이 어느 정도 이루어질 수는 있을 것이다. 이러한 과정 중에 온도와 관련된 숙주의 변화는 바이러스 증식에 영향을 미친다. 적합한 온도가 아닌 상태의 바이러스 복제 단백질은 정상적으로 기능하기가 쉽지 않을 것이고, 불완전한 유전체 복제에 의한 돌연변이 바이러스의 발생 빈도는 훨씬 높아질 것이라는 추정을 해 볼 수 있다. 실제 집단생활을 하면서 동면에 들어가는 박쥐분변 시료에는 유전적으로 다양한 여러 종의 코로나바이러스들이 검출[17]되고 있다.

야생동물의 생태학적 특성과 주변 환경 변화에 따른 숙주 환경의 변화 요인들이 다양한 돌연변이의 바이러스가 만들어지는 과정과 연계될 수 있음을 이야기해 보았다. 이렇게 한 종의 숙주에서 만들어진 돌연변이 바이러스는 다른 숙주에게는 새로운 바이러스가 될 수 있다. 다양한 바이러스가 야생동물에서 순환하고 진화하면서 언젠가 인간으로 전파될 수 있다는 것은 분명하다. 인위적인 요인과 기후 환경적인 요인 등에 의해 인간은 야생동물과 접촉할 수 있는 기회가 많아졌고 야생동물의 바이러스와 접촉할 수 있는 기회도 많아졌다. 바이러스는 숙주 의존성이 높은 반면 돌연변이

---

17) Lo VT, Yoon SW, Noh JY, et al. Long-term surveillance of bat coronaviruses in Korea: Diversity and distribution pattern. Transbound Emerg Dis. 2020;10.1111/tbed.13653.

가 쉽게 일어나 숙주 환경의 변화에 빠르게 대응할 수 있다. 진화는 무작위 돌연변이와 자연선택에 의해 진행된다. 바이러스는 다른 생물에 비해 돌연변이가 잘 발생하여 수많은 선택지를 제공할 수 있으며, 숙주 환경의 급속한 변화는 바이러스 돌연변이 발생률의 증가와 관련이 깊을 수 있으므로, 언제든 새로운 숙주에 감염될 수 있는 바이러스가 만들어질 수 있다. 현재 숙주 환경의 급격한 변화로 인해 평소보다 많은 돌연변이 바이러스가 만들어지는 상황에서 해당 숙주와 접촉하는 빈도가 높아지는 또 다른 숙주가 나타난다면 바이러스는 언제든 새로운 숙주 환경에 의해 선택되어질 수 있다. 그 새로운 숙주 환경은 바로 우리 인간이 될 수도 있는 것이다.

바이러스는 자신이 기생하는 숙주라는 제한된 환경에서 증식하면서 숙주에 의해 자연 선택되어지는 존재이다. 그럼에도 불구하고 일정한 돌연변이를 통해 다양성을 유지하고 언제든 새로운 숙주 환경에 적응할 수 있는 전략을 가지고 있다. 인간을 포함한 바이러스의 숙주들은 바이러스의 피해자이자 바이러스 진화의 선택자가 되는 역설적인 상황인 것이다. 그리고 역사적으로 인간은 과거부터 다양한 야생동물과 접촉하면서 살아 왔다. 사실 인류가 구석기 시대 동굴생활을 했다는 것은 누구나 알 수 있다. 동굴생활을 했다는 것은 동굴에 서식하는 다양한 박쥐들과도 접촉했을 가능성이 매우 높다는 것을 시사한다. 그렇다면 당시 인간과 박쥐는 같은 바이러스를 공유했을지도 모르는 일이며, 모두 바이러스 진화의 선택자이면서도 바이러스 감염의 피해자이지 않았을까? 바이러스는 하나의 숙주에 안주하지 않고 끊임없는 변이를 통해 다양성을 확보하여 언제든 새로운 숙주를 만날 준비가 되어 있다는 점을 감안하면, 바이러스와의 싸움에서 진짜 적이 무엇인지 한 번더 생각해 볼 필요가 있으며, 우리도 새롭고 다양한 연구를 통해 미래 바이러스와의 싸움에 항상 대비태세를 갖춰야 할 것이다.

03

집단면역은
끝이 아닌
새로운 형태의 시작

　　바이러스에 감염된 개인은 스스로 바이러스에 대한 특이 면역반응을 형성하여 바이러스와의 싸움을 종식할 수 있다. 이렇게 바이러스를 제거할 수 있는 면역반응을 통틀어서 방어면역이라고 한다. 이때 주역할을 하는 방어면역 산물이 바이러스 특이 항체와 바이러스에 감염된 세포를 제거하는 면역 세포들이라고 할 수 있다. 물론 만들어진 방어면역 산물들은 시간이 지나면 몸에서 점점 사라지게 되지만, 한 번 형성된 방어면역은 우리 몸에 기억되어 있다가 다시 동일한 바이러스가 감염되었을 경우 이전보다 빠르고 강하게 방어면역 산물을 생산하여 별 다른 피해 없이 바이러스를 제거하게 된다. 그리고 항바이러스제는 일반적으로 바이러스의 증식을 억제하여 바이러스에 대한 임상 증상을 감소시켜 주고, 우리가 큰 피해를 입지 않으면서 방어면역을 형성할 수 있도록 도와주는 역할을 한다. 결국 우리는 스스로의 방어면역 반응을 통해서 바이러스 감염병을 완치하는 것뿐만 아니라 향후 동일한 바이러스에 감염되더라도 바이러스가 일정 단계 이상으로 증식하기 전에 방어면역을 통해 제거할 수 있게 된다. 바이러스 입장에서는 더 이상 숙주로서 기생할 수 없는 존재가 되는 것이다. 따라서 바이러스에 대한 방어면역이 형성된 사람이 많아지면 많아질수록 바이러스의 전파는 상당 부분 감소하게 된다.

집단면역은 새로운 바이러스가 집단에 처음 유입되어 전파되면서 서서히 형성된다. 일반적으로 바이러스 유입 이후 집단 내에는 바이러스에 감염된 사람, 바이러스 감염병에서 회복되어 방어면역이 형성된 사람, 바이러스에 감염되지 않은 사람이 존재하는데, 바이러스 전파가 지속되면 결과적으로 방어면역이 형성된 사람의 비율이 높아지게 된다. 결국 바이러스가 효과적으로 증식할 수 있는 상태의 숙주가 감소하게 되고, 바이러스의 전파가 감소하면서 집단 내 바이러스 감염병은 줄어들게 된다. 하지만 집단면역이 만들어졌다고 해서 바이러스가 완전히 사라지는 것은 아니다. 우리 몸의 방어면역은 바이러스 감염을 원천 차단한다는 것보다는 신속하게 제거하는 의미에 더 가깝기 때문이다. 좀 더 쉽게 이야기하면, 바이러스에 감염되면 질병이 유발되지만, 방어면역이 있는 경우에는 바이러스에 감염되더라도 질병이 유발되지 않는다는 것이 더 정확하다. 즉, 집단면역이 형성되더라도 바이러스의 감염은 어디에선가는 산발적으로 이루어질 수 있다.

또한 집단은 정적인 상태가 아니고 역동적이다. 특히 새로운 아이가 탄생한다는 것은 새로운 숙주가 생겨난다는 것과 같다. 왜냐하면 새롭게 태어나는 아이들에게는 결과적으로 바이러스에 대한 방어면역이 없는 상태이기 때문이다. 물론 엄마에게 방어면역이 있는 경우에는 태어날 때 엄마로부터 초유를 통해 면역을 전달받아 바이러스에 대한 방어면역을 가지게 된다. 하지만 이렇게 얻어진 방어면역은 능동적으로 만들어진 것이 아니고 수동적으로 받은 것이다. 몸에 기억되지 않고 일시적이며 점차 사라지게 된다. 따라서 언젠가는 바이러스에 감염될 수 있는 상태에 놓이게 되며, 집단 방어면역을 가지더라도 시간이 지나면서 집단 내부에 취약 집단이 발생하게 된다. 취약 집단에 속하는 사람은 언제든 바이러스 감염병에 노출될 수 있고, 바이러스는 지속적으로 증식할 수 있는 숙주를 공급받게 되는 것이다. 이러한 상태를 보통 전염병의 토착화 상태(Endemic)[18]라고 한다. 바이러스성 전염병이 토착화된다는 것은 바이러스가 우리 사회에 들어와 지속적으로 공존하게 되는 상태를 의미한다. 공존이라는 표현을 사용했지만, 토착화된 상태라는 것은 우리에게 결국 취약 집단에 대한 새로운 대응 전략

18) 전염병의 토착화 상태는 Endemic과 다르게 신규 전염병이 처음 발생하여 모든 사람이 바이러스에 감염될 수 있는 취약한 상태에서 전염병이 급속히 확산될 수 있는 상황을 Epidemic이라고 한다.

을 수립해야 된다는 새로운 과제를 던지는 것이다.

이렇듯 우리 인류는 Epidemic 상태의 바이러스 감염병에 노출되면 바이러스의 병원성[19]에 따라 다양한 형태의 피해를 입게 된다. 앞서 설명한 바와 같이 이는 바이러스의 완전한 제거가 이루어지지 않은 Endemic 상태로의 진입을 의미하고, 집단 내 방어면역이 없는 취약 구간의 피해는 지속적으로 발생하게 된다. 역사적으로 Epidemic과 Endemic의 형태로 발생하는 바이러스 감염병 때문에 지속적으로 피해를 입어 왔으며, 역사적으로 오랜 기간 인류를 괴롭혀 온 바이러스성 감염병 중 하나인 공수병[20]은 치사율이 높아 자연적인 집단면역을 기대하기는 어렵다. 하지만 치사율이 상대적으로 낮은 바이러스 감염병의 경우 시간이 지나면 질병으로부터 회복되어 방어면역을 확보한 사람들의 수가 증가하면서 자연스럽게 집단면역을 형성하게 된다.

정리하자면 역사적으로 집단면역은 수단이 아닌 결과물로서 바이러스 감염병이 Epidemic에서 Endemic 형태로 전환되는 것을 의미한다. 집단면역이 만들어지더라도 취약 집단은 존재하고 바이러스는 사라지지 않는다. 여기까지가 바이러스 감염병의 치사율이 높지 않은 경우 자연적으로 형성될 수 있는 집단면역의 특징이라고 할 수 있다. 하지만 우리는 능동적으로 방어면역을 부여할 수

---

19) 바이러스의 병원성은 바이러스 감염에 의해 유발되는 질병의 세기, 임상 증상의 경중 등이라고 볼 수 있다.
20) 주로 광견병 바이러스에 감염된 동물에게 물려서 전파되는 전염병으로, 동물에서는 광견병이라고 하고 사람에서는 공수병이라고 한다.

있는 기술을 개발해 왔다. 그것이 바로 백신이다. 바이러스 백신의 기본 원리는 바이러스에 감염되기 전에 바이러스에 대한 방어면역을 미리 부여하는 것이다. 그래서 우리는 예방 백신이라는 표현을 쓰기도 한다. 면역반응은 해당 바이러스의 특이적인 반응으로서 다른 종의 바이러스에는 무효하다. 그러므로 일반적으로 백신은 바이러스의 종에 따라 각각 만들어지고, 인플루엔자 바이러스 백신이 코로나바이러스를 방어하지 못한다. 그래서 백신을 만들기 위해서는 원인체 바이러스에 대해 잘 알아야만 하는데, 원인체 바이러스와 유사한 방어면역을 형성하면서도 질병을 일으키지 않아야 한다. 이를 위해 다양한 방식의 백신이 개발되어 사용되어 왔으며, 백신은 바이러스의 자연 감염이 이루어지지 않더라도 취약 집단에게 방어면역을 제공할 수 있는 혁신적인 기술이다. 따라서 앞에서 잠깐 이야기했던 어떻게 집단면역을 형성할 것인가에 대한 가장 좋은 방법은 백신이라고 할 수 있다. 실제 우리 인류는 천연두 백신을 개발하여 취약 집단이 천연두를 앓지 않고도 방어면역을 가질 수 있었고, 천연두는 공식적으로 박멸되었다. 즉, 백신을 통해 취약 집단에 방어면역을 부여함으로서 실질적인 집단 방어면역을 강력하게 형성할 수 있었다.

최근 코로나19의 확산을 제어할 수 있는 여러 가지 방안 중에서 집단면역에 대한 논의가 있었다. 집단 내 바이러스 감염에 대한 방어면역을 갖는 개인이 많아질수록 바이러스의 전파를 감소시킬 수 있고, 결과적으로 바이러스 감염병의 확산을 억제할 수 있다는 것이다. 하지만 앞서 이야기한 것처럼, 백신이 없는 상태에서의 집단면역은 결과물이므로, 일반적으로 취약 집단은 존재하게 되고, 바이러스는 집단 내 지속적으로 순환할 수 있다는 것이다. 백신이 존재하더라도 완벽한 집단 방어면역이 형성되지 않는다면 바이러스는 언제든 취약한 숙주와 방어면역을 갖는 숙주 사이에서 증식하고 순환할 수 있다. 이러한 지속적인 바이러스의 순환은 바이러스의 진화와도 연계된다. 바이러스의 증식이 많이 이루어질수록 바이러스 유전자의 돌연변이도 많이 발생하게 되는데, 무작위로 생겨난 돌연변이는 숙주의 환경에 의해 선택된다. 그리고 숙주의 변화는 곧 바이러스의 변화가 된다. 집단면역을 형성한 사람의 변화에 맞추어 바이러스는 진화하게 되고 언제든 지금의 집단면역을 회피할 수 있는 변이형의 바이러스가 만들어질 수 있다.

가장 대표적인 예가 인플루엔자 바이러스이다. 물론 야생동물이나 가금류의 인플루엔자 바이러스가 사람에 전파되어 새로운 형태의 인플루엔자를 유발하는 경우도 있지만, 현재 유행하는 대부분의 인플루엔자 바이러스는 이미 우리 인간 사회에 유입되어 Endemic 상황이 된지 오래이다. 우리는 인플루엔자 백신도 있고 인플루엔자를 치료할 수 있는 항바이러스제도 있지만, 인플루엔자는 환절기나 겨울철과 같은 유행 주기를 가지고 매년 우리에게 다가온다. 우리는 집단면역을 형성하고 있고 취약 집단에게는 인플루엔자 백신 접종을 하고 있지만, 바이러스는 이러한 숙주 환경 변화에 다시 반응하여 진화한다. 기존에 형성된 면역은 새롭게 진화한 바이러스의 증식을 효과적으로 억제하지 못하고, 심지어 과거의 바이러스로 오인하여 쓸모없는 면역물질을 만들어낸다. 새롭게 진화한 바이러스에는 새로운 방어면역을 만들어야만 한다. 그래서 우리는 매년 유행하는 인플루엔자 바이러스의 유전적 특성을 바탕으로, 향후 유행 가능성이 높은 인플루엔자 바이러스들을 예측하고 이들을 가지고 백신을 만든다. 최근에는 다양한 생물정보학 기법을 이용하여 실시간으로 전 세계 인플루엔자 바이러스의 변이 양상을 모니터링하여 향후 유행 가능성이 높은 바이러스들을 예측하는 새로운 기법이 개발되기도 하였다[21]. 그렇다고는 하나 인플루엔자 바이러스는 언제나 새롭게 변신하여 우리에게 다가오고 있다. 돌연변이라는 다양성을 무기로 우리의 집단면역을 회피하고 증식할 수 있는 새로운 변이형의 바이러스를 만들어내고 있는 것이다.

이처럼 바이러스는 돌연변이를 통해 현재의 숙주에서 새로운 숙주로 감염될 수도 있지만, 현재의 숙주 환경에 적합한 바이러스로 진화할 수도 있다. 바이러스의 진화는 숙주 환경 안에서 바이러스가 복제하는 과정에 일어난다. 결국 숙주 환경은 바이러스의 돌연변이와 밀접한 관련이 있고, 바이러스의 진화는 숙주 의존적이다. 우리가 사용할 수 있는 백신과 항바이러스제는 바이러스와 싸울 수 있는 효과적인 무기이지만, 언젠가 변화된 숙주 환경에 적합한 바이러스가 나타날 수 있다는 점에서 지속적으로 업그레이드해

---

21) https://nextstrain.org/flu/seasonal/h3n2/ha/2y

야만 하기 때문에, 항상 바이러스와 다양한 숙주의 상호작용 측면에서 새로운 지식을 쌓아갈 필요가 있으며, 새로운 바이러스가 나타나기 전 또는 나타나는 순간 신속하게 업그레이드할 수 있는 방법에 대한 총체적 고민을 해야만 한다.

중앙 아메리카 원주민 절반이 사망한 전염병, 코코리츨리

천연두, 흑사병, 스페인 독감 등 우리는 역사적으로 유명한 전염병들에 대한 이야기를 많이 들어왔지만 코코리츨리(Cocoliztli)에 대해서는 생소한 사람이 많을 것이다. 아마도 멕시코 점령지의 원주민 사이에 유행했던 전염병이었기에 큰 관심을 받지 못했던 것은 아닐까 생각해 본다. 하지만 코코리츨리는 그렇게 관심을 받지 못할 정도의 만만한 전염병이 아니었다. 역사적으로 메가데스(Megadeath)라고 불릴 정도로 그 피해가 엄청났기 때문이다.

사실 16세기 초 중앙아메리카 멕시코 지역의 원주민은 유럽 정복자들이 들여온 천연두로 인해 먼저 800만 명이 사망하게 된다. 이후 16세기 중반부터 후반까지 코코리츨리라고 불리는 새로운 전염병이 창궐하여 1,400만 명에서 1,600만 명이 사망한 것으로 보고되었다[22]. 원주민의 절반 이상이 감소한 것이다. 출혈열 증상을 보이면서 사망에 이르는 무시무시한 질병이었음에도 불구하고 아직까지 정확한 원인체는 밝혀지지 않았다. 당시 500년 이래 가장 큰 가뭄이 들었기 때문에 전염병에 의한 피해가 더욱 높아졌을 것이라는 이야기도 있다. 가뭄 등의 기후 변화에 의한 생태계 변화로 인해 야생매개동물이 관여된 토착 감염병의 발생이 증가한 것으로 추정하기도 한다. 즉, 코코리츨리의 원인체와 발병 기전,

---

22) Acuna-Soto R, Stahle DW, Cleaveland MK, Therrell MD. Megadrought and Megadeath in 16th Century Mexico. Emerg Infect Dis. 2002;8(4):360-362.

전파 경로 등에 대해 현재까지 명확히 밝혀진 것은 없다. 다만, 2018년 독일의 연구진이 당시 사망한 원주민들의 오래된 사체에서, 최신 염기서열분석을 통해 살모넬라 엔테리카라는 세균이 유행 초기의 원인체일 수 있다는 결과를 보고한 바가 있기는 하다. 물론, 살모넬라 엔테리카는 현재도 공중보건학적인 문제를 유발하고 있지만 인구의 절반이 사망할 정도의 병원성과 전파력을 가질 수 있는가의 의문은 여전하다. 살모넬라 감염증의 증상을 악화시킬 수 있는 1차 감염 원인체가 언제든 존재할 수 있는 것이고 추가적인 증거가 필요한 상황이다.

다만, 흥미로운 점은 코코리즐리는 주로 원주민에서 명백히 치사율이 높았고, 스페인 정복자들은 최소한의 영향을 받았다는 것이다 [23]. 상당히 의미있는 관찰 결과이다. 원주민이 더 취약하다는 것은 몇 가지 요인으로 생각해 볼 수 있다. 첫 번째로, 천연두처럼 원주민들은 유럽인들에 비해 집단면역이 형성되지 않았을 가능성이 있다. 다시 말하면, 유럽인들이 가지고 온 어떤 병원체가 집단면역이 없는 원주민들에게 전파되었다는 가설이다. 두 번째로는, 스페인 정복자들과 원주민이 거주하는 곳의 환경 차이일 수 있다. 당시 원주민들은 스페인 정복자들이 만든 리두치온 (Reducciones)이라는 정착지에서 생활하도록 하였는데, 이곳은 인구 밀도가 높고 다양한 동물들과 함께 살아가는 환경이었다. 즉, 유럽의 가축과 신대륙의 가축들이 원주민들과 함께 빈번히 접촉할 수 있는 환경이라는 점에서 새로운 전염병이 발생할 수 있는 충분한 조건이었다. 결과적으로, 서양 문명이 코코리즐리의 발생에 영향을 미쳤다는 것은 부인할 수 없을

---

23) Rodofo Acuna-Soto, David W. Stahle, Matthew D. Therrell, Richard D. Griffin, Malcolm K. Cleaveland, When half of the population died: the epidemic of hemorrhagic fevers of 1576 in Mexico, FEMS Microbiology Letters, Volume 240, Issue 1, November 2004, Pages 1-5

것 같다.

　이러한 사실로 미루어 볼 때 인간의 활동이 새로운 전염병의 발생뿐만 아니라 전파에도 알게 모르게 관련되어 있다는 것은 명백한 사실이다. 언제든 원인 제공자가 될 수가 있고 피해자가 될 수 있는 것이 전염병이다. 따라서 최근 코로나19와 관련하여 중국인과 아시아인에 대한 혐오현상이 나타났던 것은 다소 비이성적인 비난에 불과하다. 물론 초기 방역과 관련된 문제점 등을 복기할 필요가 있지만, 전염병의 대응에는 언제나처럼 정확한 정답을 찾기가 어렵다는 한계가 분명 존재한다. 그러므로 우리는 병원체의 이이제이 전략에 빠져 같은 운명의 숙주끼리 싸우기보다 진정 인간이 제대로 알고 싸워야 할 대상이 무엇인지 직시해야 할 것이다.

우리 몸과
바이러스와의
숨바꼭질

바이러스와
인류

01
잠복 감염(Latent infection)을 하는 바이러스들

바이러스는 입자 형태로 우리 몸에 침투하여 증식하고 다른 숙주를 찾아 떠날 수 있는 새로운 바이러스 입자(비리온)를 만들어 낸다. 바이러스의 입장에서는 숙주 안에서 계속 증식하고 싶겠지만, 우리 몸에서도 이를 가만히 두지는 않는다. 본래 우리 몸에 없었던 외부 침입자인 바이러스의 존재를 인식하고 이에 대한 방어면역 반응이 작동하게 된다. 이 방어면역 반응은 침입한 바이러스를 특이적으로 인식하여 이루어진다. 바이러스 특이 방어면역 반응을 통해 만들어진 다양한 면역 물질과 면역 세포들이 바이러스 입자와 바이러스에 감염된 세포 등을 제거하게 되는 것이다. 이렇게 바이러스가 우리 몸에 감염되더라도 우리 몸이 방어면역을 형성하여 바이러스를 제거하는 일련의 과정을 보통 바이러스의 급성 감염 형태라고 한다. 급성 감염 기간 동안 바이러스의 증식은 서서히 증가하다가 면역반응이 생기면서 감소하고 최종적으로 사라지게 된다. 또한 해당 바이러스에 대한 면역반응은 우리 몸에 기억되기 때문에 향후 바이러스가 다시 감염되더라도 빠른 방어면역 반응을 통해 별다른 임상 증상과 바이러스 증식 없이 회복할 수 있게 되는 것이다.

하지만 모든 바이러스가 급성 감염 형태로 우리에게 왔다 가는 것은 아니다. 어떤 바이러스들은 완전히 제거되지 않고 우리 몸 어딘가에 숨어 있게 된다. 이를 잠복 감염(Letent infection)이라고 한다. 잠복기와 비슷하면서도 조금은 다른 개념이다. 모든 바이러스들은 우리 몸에 감염되어 잠시 동안의 잠복기를 가지게 된다. 이때 잠복기는 영어로 Incubation period라고 하며, 잠복 감염(Latent infection)과는 구별된다. 잠복기는 바이러스가 처음 감염되어 임상 증상이 나타나기 전까지의 기간을 의미하는데, 질병의 관점에서 발병하기 전까지의 기간이라고 할 수 있다. 하지만 잠복 감염은 조금 더 복잡하다. 잠복 감염은 바이러스 입장에서의 개념이라고 할 수 있다. 일단, 잠복 감염은 바이러스가 감염되어 본격적인 증식이 일어나지 않아 우리 몸의 면역 시스템이 인지하기 어려운 상태의 감염 형태이다. 물론 바이러스가 처음 감염되어 증식하면서 본격적으로 바이러스 입자를 배출하기 전까지 모든 바이러스가 잠복 감염 상태로 존재할 수는 있지만, 바이러스는 증식을 이어가면서 바이러스 입자가 배출되기 시작하는 개방 감염(Patent infection) 형태로 전환되고 이때 우리 몸의 면역계가 바이러스를 본격적으로 인지하여 방어하게 된다. 즉, 바이러스가 감염되면 잠복 감염에서 개방 감염으로 전환되고, 결국 우리 몸의 면역계에 의해 제거되는 과정을 거치게 되는 것이다. 보통 개방 감염 형태로 전환되어 면역 반응이 본격화되는 시점에 임상 증상이 발현되기 시작하는 것이다. 다시 말하면, 바이러스가 잠복 감염에서 개방 감염형태로 전환되는 과정은 잠복기 안에 일어나게 되며, 이후 면역반응과 임상 증상이 발현되는 본격적인 바이러스 감염병으로서 질병(Disease)의 양상으로 이어지는 것이다. 질병은 최종적으로 우리 몸의 방어면역 반응에 의해 바이러스가 제거되면서 최종적으로 사라지고 회복하게 된다.

몇 가지 바이러스는 이러한 흐름과는 다른 특성을 보이는 경우가 있다. 잠복 감염, 개방 감염, 면역 반응, 발병, 회복의 단계를 거쳐 최종적으로 제거되는 것이 아니라 다시 잠복 감염 형태로 돌아가는 것이다. 다시 말하면, 완전히 제거되는 것이 아니라 우리 몸 어딘가에서 잠복 감염 형태로 존재하면서 증식을 하지도 않고 조용히 숨죽이고 있는 것이다. 마치 야생에서 동물들이 천적을 만났을 때 죽은 척하고 있다가 다시 도망갈 수 있는 기회를 엿보는 것처럼, 바이러스도 우리 몸의 방어면역에 의해 제거될 순간에 죽은 척하면서 언젠가 빠져나갈 수 있는 기회만을 엿보는 것이다. 우리 몸에 바이러스가 완전히 제거되지 않은 상태로 함께 지내고 있다는 사실은 상당히 찜찜하다. 그렇다고는 하나 안타깝게도 이러한 바이러스의 잠복 감염은 예상외로 우리에게 흔하게 관찰된다.

우리가 잘 알고 있는 대상포진의 원인체인 허피스바이러스[24] 또는 만성 간염과 간암의 원인체인 B형 간염 바이러스 등이 잠복 감염을 일으키는 대표적인 바이러스들이다. 필자도 어린 시절 수두라는 질병에 걸린 적이 있다. 그만큼 예전에는 수두가 흔한 바이러스성 감염병이었다. 수두의 원인체 바이러스는 허피스바이러스과에 속한다. 이 바이러스가 처음 감염되면 온 몸에 작은 수포가 생기고 수포에는 다량의 바이러스 입자가 존재하게 된다. 하지만 우리 몸은 점차 방어면역을 형성하여 수두라는 질병으로부터 회복하게 된다. 그리고 다시는 수두에 걸리지 않는다. 하지만 수두라는 질병에 걸리지 않는 것뿐이지, 다른 형태의 질병으로 나타날 수 있는 상태가 되는 것이며, 그것은 바로 대상포진이다. 우리 몸의 신경계를 따라 국소적으로 수포가 발생하게 되는 대상포진은 통증과 부작용으로 악명이 높다. 대상포진으로 재발병되는 이유는 처음 수두를 유발했던 원인체 바이러스가 완전히 제거되지 않았기 때문이다. 즉, 어딘가에 숨어 있다가 기회를 엿보아 다시 증식하면서 대상포진이라는 새로운 형태의 질병을 일으키는 것이다. 그래서 우리는 이 원인체 바이러스를 수두대상포진 바이러스라고도 한다. 이것은 잠복 감염을 통해 우리 몸에 숨어 있는 대표적인 바이러스라고 할 수 있다.

---

24) 보다 정확히 말하면, 허피스바이러스과에 속하는 수두대상포진 바이러스가 원인체이다.

또한 만성 감염을 유발하는 B형 간염 바이러스도 마찬가지이다. B형 간염 바이러스는 주로 입을 통해 감염되어 간 조직에 침투하게 된다. 한 번 간세포에 감염되면 바이러스는 증식하면서 자손 바이러스를 만들고 간세포의 염증반응을 일으키는데, 곧바로 우리 몸의 면역계에 의해 인식되어 증식이 억제되지만, 바이러스가 완전히 제거되지 않고 간세포 어딘가에 숨어 있는 잠복 감염 형태로 진입하게 된다. 숙주의 방어면역 반응이 잦아들 때까지 숨어 있는 것이다. 그러다가 다시 활성화되어 간세포에서 증식하고 간세포의 염증반응을 유발한다. 우리 몸의 면역계도 이를 인지하여 방어하지만 바이러스는 다시 숨기를 반복한다. 즉, 바이러스 입장에서는 잠복 감염, 개방 감염이 지속되고, 숙주 입장에서는 잠복기와 발병기가 지속되는 것이다. 이러한 과정의 지속적인 반복을 통해 간은 만성적인 간염 상태에 놓이게 된다. 이러한 만성 염증은 간의 정상적인 대사활동을 방해하고 심하면 간암이나 간경변으로 이어지기도 한다. 이렇듯 B형 간염 바이러스 또한 우리가 익히 잘 알고 있는 바이러스로서 잠복 감염을 하는 대표적인 바이러스인 것이다.

어쨌든 이러한 바이러스가 잠복 감염에 들어간 것은 우리 몸의 방어면역 반응보다 열세하다는 것을 알고 죽은 척하는 것으로 볼 수 있다. 바이러스 입장에서는 고개를 내밀고 숨을 쉬는 순간 우리 몸의 면역 시스템에 의해 발견되어 제거되기 십상이다. 그래서 바이러스는 최대한 자신을 노출시키지 않으면서 존재해야 하는 숙제를 풀어야 하는데, 절치부심하고 와신상담하면서도 일단은 살아남아야 하기 때문이다. 바이러스는 자신의 야망을 숨기고 존재감 없이 버릴 것은 모두 버리고 면역 시스템이 최대한 미치지 않는 곳에서 숨죽이고 있는 것이다. 그래야 우리 몸의 면역 시스템으로부터 살아남을 수 있다. 하지만 자신의 야망은 절대 놓지 않고 언제든 다시 증식할 기회를 엿보고 있다. 어찌 보면 잠복이 아니라 매복이라고 할 수 있겠다.

바이러스가 잠복 감염에 들어가게 되면 우리 몸은 이를 인지하기 어렵고 바이러스를 완전히 제거하기도 힘들어진다. 마치 바이러스가 완전히 제거된 것처럼 느끼겠지만, 바이러스는 어딘가에 매복하고 있을 뿐이다. 언제든 우리의 면역 시스템이 약해지면 매복을 풀고 다시 나타나 우리 몸의 세포를 이용하여 증식하면서 질병을 유발하는 것이다. 물론 이와 관련하여 아직까지 자세한 기전이 밝혀진 것은 아니다. 구체적인 기전에 대해서는 많은 연구가 필요하다. 다양한 연구를 통해 이에 대한 지식이 쌓이면 우리는 지혜롭게 잠복 감염 상태의 바이러스를 제거할 수 있는 기술을 언젠가는 개발할 것이다. 하지만 그때까지 잠복 감염에 성공한 바이러스도 언제든 우리에게 피해를 줄 수 있는 보이지 않는 적으로 남아 있을 것이다.

그렇다면 바이러스는 어떠한 기전을 통해 잠복 감염에 성공하게 되는 것일까? 숙주의 방어면역 시스템에서 숨죽이고 마치 존재하지 않는 것처럼 존재하는 방법은 무엇일까? 아마 우리 몸의 면역 시스템의 특징과 연계해서 생각해 볼 수 있을 것이다. 앞서 이야기 했듯이 우리 몸은 바이러스 입자와 바이러스에 감염된 세포를 모두 제거할 수 있는 방어면역 시스템을 가지고 있다. 즉, 우리 몸의 면역 시스템은 정상 세포와 바이러스에 감염된 세포를 구별하는 방법을 알고 있다. 우선 바이러스에 감염된 세포는 다양한 바이러스 유래 물질들을 선천적으로 인지 가능하며, 미생물 유래의 분자가 가지고 있는 몇 가지의 특이적인 패턴을 인식할 수 있는 프로그램이 있으므로, 우리 몸에서는 정상적으로 존재하지 않는 이중 가닥의 RNA와 같은 바이러스가 감염되어 증식하면서 만들어지는 바이러스 유래 특이 물질로 인식할 수가 있으며, 해당 패턴의 물질을 가지고 있는 바이러스가 감염되면 세포는 그것을 인지하게 된다. 이렇게 세포가 바이러스의 감염을 인지하게 되면 감염된 세포는 방어 시스템을 작동시키게 된다.

세포의 방어 시스템은 여러 가지 형태로 나타나게 된다. 스스로 사멸하여 바이러스가 증식할 수 있는 숙주 환경을 원천적으로 제거할 수도 있고, 바이러스의 감염을 인지한 세포는 주변의 면역 세포를 불러 모을 수 있는 다양한 신호 물질을 만들 수도 있다. 하지만, 이러한 패턴 인식 시스템은 이미 정해진 몇 가지 패턴들을 인식하는 것이어서 모든 미생물과 바이러스 유래 물질을 인식할 수는 없다. 따라서 우리 몸은 후천적으로 바이러스 유래 물질을 새롭게 인식할 수 있는 시스템을 추가적으로 가지고 있는데, 그것은 바로 바이러스의 증식과정에서 만들어지는 바이러스 유래의 단백질을 찾아내어 조각내고 이를 세포의 표면으로 제시하는 것이다. 쉽게 말하면, 감염된 세포가 바이러스의 정체를 다른 면역 세포들에게 알려주는 것으로, 범인을 특정할 수 있는 결정적인 증거를 경찰에게 알려주는 것이라고 할 수 있다.

범인을 특정한 면역 세포는 범인을 잡기 위해 본격적인 활동에 들어간다. 범인에 대한 정보를 가지고 있는 면역 세포가 돌아다니면서 바이러스에 감염된 세포를 찾아내어 제거하고, 바이러스 입자, 비리온 형태로 존재하는 바이러스도 놓치지 않는다. 항체라고 불리는 면역 물질 또한 범인에 대한 정보를 바탕으로, 우리 몸의 여러 곳에 분포하면서 비리온 자체를 불활성시키기도 하고, 비리온이 새로운 세포에 감염되는 것을 차단한다. 이렇듯 우리 몸의 면역 시스템은 바이러스 입자와 바이러스에 감염된 세포를 모두 제거할 수 있는 효과적인 무기를 가지고 있다. 하지만 이때 범인을 특정하기 위해 사용되는 결정적인 증거가 주로 단백질에서 유래하였다는 점을 우리는 생각해 볼 필요가 있다. 이것이 바로 바이러스가 잠복 감염에 들어갈 수 있는 중요한 키가 될 수 있기 때문이다.

앞서 바이러스의 특징 중에 바이러스는 입자이면서 입자가 아닐 수도 있다고 한 바 있다. 바이러스는 다양한 형태로 존재할 수 있다는 의미이다. 비리온이라고 불리는 바이러스 입자는 엄밀히 말하면 바이러스의 유전체를 숙주 세포로 운반할 수 있는 효과적인 운반체라고 볼 수 있다. 바이러스는 자신의 유전체를 숙주 세포에 성공적으로 침투시켜 증식할 수 있는 경우에 살아서 자손을 만들어낼 수 있는 것이다. 즉, 바이러스의 존재, 바이러스의 정체성을 나타낼 수 있는 핵심은 비리온을 통해 운반되는 핵심 물질인 유전체이다. 그래서 어떤 바이러스는 바이러스의 유전체만 따로 분리해서 세포에 주입하였을 때 자동적으로 복제와 증식이 이루어지는 경우가 있다. 이 유전체가 바로 핵산으로 이루어져 있으며 앞서 면역 시스템에서 주로 다루었던 단백질과는 생화학적으로 다른 물질이다. 즉, 핵산으로 이루어진 유전체 형태로만 존재하면, 단백질 기반의 정보를 바탕으로 만들어진 면역 시스템에 의해 인식되어 제거될 가능성이 현저히 낮아지는 것이다. 물론 핵산 특이적인 면역 반응이 있기는 하지만, 이는 단백질 기반의 면역반응에 비하면 그 빈도와 확률이 더 낮아 보인다. 결국 바이러스가 유전체 상태로만 존재한다면 살아남을 가능성이 매우 높아진다고 할 수 있다.

핵산으로 이루어진 유전체는 그 특징에 따라 외부 환경 안정성에 차이가 있다. 우리 몸에는 다양한 분해 효소가 존재하고 핵산분해 효소도 다양하게 존재한다. 따라서 외부에 직접적으로 노출된 바이러스의 유전체는 다양한 분해 효소에 의해 제거될 가능성이 높다. 성공적인 잠복 감염을 위해서는 자신의 유전체가 세포 안에서 외부의 다양한 분해 효소로부터 안정적으로 보호받을 수 있어야 하는 것이다. 세포 안에서 유전체 형태로 성공적으로 남아 있다 하더라도 문제가 있는데, 몇 가지 바이러스가 가지고 있는 핵산의 형태는 우리 몸에 정상적으로 존재하지 않는 형태이기 때문에 금방 발각된다. 앞서 이야기한 것처럼 우리 몸의 세포들은 몇 가지 비정상적인 패턴을 인식하여 바로 대응할 수 있는 선천적인 면역 시스템을 갖추고 있기 때문이다. 그리고 어떤 형태의 핵산(단일가닥 RNA)은 우리 몸의 대사 과정 중에 오랜 기간 남아 있지 않고 지속적으로 제거되므로 잠복 감염을 위한 바이러스의 유전체로서 적합하지 않다. 따라서 잠복 감염을 위해 바이러스의 유전체는 최대한 숙주 세포의 유전체와 유사한 형태를 가져야 한다.

숙주 세포가 가지고 있는 정상적인 유전체의 형태는 무엇일까? 그것은 바로 이중나선구조의 DNA이다. 세포는 이중나선 DNA의 안정적인 복제와 유지를 위해 다양한 메커니즘을 가지고 있다. 특히 조금이라도 이상이 있는 부분은 제거하거나 바로 복구할 수 있는 다양한 분자생물학적 시스템을 운용하고 있다. 따라서 숙주와 유사한 이중나선구조의 DNA 형태의 핵산으로 구성된 유전체를 가지고 있는 바이러스의 경우 잠복 감염에 성공할 가능성이 높아진다. 그리고 양 끝 말단이 노출되어 있는 선형 가닥 형태보다는 양 끝 말단이 연결되어 있는 원형 구조의 이중가닥 DNA 형태가 만들어진다면, 숙주 세포 안에서 안정적으로 오랜 기간 매복할 수 있을 것이다. 물론 잠복하고 있는 바이러스의 유전체는 언제든 숙주 세포 안의 다양한 효소를 이용하여 복제와 증식을 할 수 있는 알고리즘을 포함하고 있다. 이러한 특성들을 모두 갖추고 잠복 감염에 성공하는 바이러스 중에 대표적인 것들이 바로 앞서 이야기한 허피스바이러스와 B형 간염 바이러스 등인 것이다.

　　예를 들어, 허피스바이러스 중 하나인 수두대상포진 바이러스는 잠복 감염 시에 에피솜(Episome)이라는 새로운 형태로 세포 안에 숨어 있다. 기존에 가지고 있던 허피스바이러스 입자의 모습이 아니라 바이러스 유전체의 복제 과정 중에 만들어지는 중간 산물 형태로서 존재하고 있는 것이다. 이 중간 산물인 에피솜은 원형의 이중나선 DNA 형태로 남아 더 이상 바이러스 증식 활동을 위한 추가적인 프로세스를 진행하지 않고 있는 상태이다. 하지만 에피솜은 허피스바이러스 유전체의 정보를 모두 가지고 있어, 활성화되면 언제든 감염능이 있는 새로운 바이러스 입자를 만들 수 있다. 어쨌든 에피솜 상태에서는 더 이상의 바이러스 단백질도 만들지 않고 숙주 세포 안에서 인지되지 않은 채 조용히 숨어 있는 상태이다. 따라서 우리 몸의 면역 시스템은 에피솜 상태의 허피스바이러스를 찾아내어 제거하기가 거의 불가능하다.

　　B형 간염 바이러스 또한 세포에 감염되어 증식하는 과정의 중간 산물이 원형의 이중나선 DNA 형태를 띠게 된다. 허피스바이러스와 마찬가지로 B형 간염 바이러스 또한 중간 산물 형태로서 더이상의 진행 없이 세포 안에서 잠복 감염할 수 있는 것이다. 여기에 추가로 허피스바이러스는 좀 더 잠복 감염에 유리한 특성을 가지고 있다. 이는 허피스바이러스가 주로 잠복 감염하는 부위와 관련이 깊다. 허피스바이러스가 주로 잠복하는 세포는 신경계의 세

포이다. 신경계는 한번 손상되면 회복이 거의 불가능하고, 생존에 필요한 다양한 운동과 감각 등에 중요한 역할을 하기 때문에, 우리 몸의 면역계는 신경계를 잘 건드리지 않는다. 이러한 면역 시스템의 허점을 이용해서 허피스바이러스는 신경계에 잠복 감염하여 보다 오랜 기간 동안 숙주 안에 숨어 있을 수 있다.

이처럼 몇 가지 바이러스들은 우리 몸의 방어면역에 의해 완전히 사라지지 않고 잠복 감염의 형태로 우리 몸 어딘가에 숨어 있다. 필자도 어린 시절 수두를 앓았기 때문에 몸 신경계 어딘가에 허피스바이러스가 에피솜 형태로 숨어 있을 것이다. 공부를 하는 동안 객관적으로 바이러스가 존재한다는 것을 알고는 있지만, 나의 면역 시스템은 에피솜을 인지하지 못하고 있다는 것이 아이러니하다. 특히 그 존재를 알고 있지만 손을 쓸 수 있는 뚜렷한 방법이 떠오르지 않는다는 점도 안타깝다. 하지만 우리가 백신을 개발하여 지금까지 여러 가지 바이러스성 감염병을 컨트롤할 수 있었던 것처럼, 이후로도 우리 손으로 잠복 감염되어 있는 바이러스를 컨트롤할 수 있는 좋은 방법들이 개발될 수 있을 것이라는 굳은 믿음이 있다.

02
우리 몸의
일부가 되어버린
바이러스들

앞서 잠복 감염을 하는 바이러스에 대해 이야기해 보았다. 이러한 바이러스들은 내 몸에 잠복하고 있지만 나와는 다른 존재이다. 바이러스가 숙주에 기생하는 형태이지만 숙주의 유전체와 바이러스의 유전체는 엄연히 서로 독립적으로 존재한다. 결국 이런 바이러스들도 숙주의 몸 안에서 더 이상 증식하지 못하고 잠복 감염 형태로만 존재하다가 숙주와 함께 사라질 수 있는 존재인 것이다. 하지만 바이러스 중에서는 한 개체의 숙주에 기생하는 것에서부터 나아가 숙주의 족보에까지 기생하는 녀석들이 있다. 다시 말하면 나에게 감염된 바이러스가 유전되어 자식대에 전달될 수도 있다. 이것이 가능한 이유는 바이러스가 숙주의 유전체 안으로 침투하여 들어가기 때문이다.

바이러스의 유전체가 숙주 세포의 유전체로 침투하여 증식하는 바이러스는 주로 레트로바이러스라고 한다. 레트로바이러스는 상당히 특징적인 효소 두 가지를 가지고 있고, 이러한 효소를 가지고 숙주 세포의 유전체에 효과적으로 침투한다. 하나는 역전사 효소[25]이다. 레트로바이러스는 우리처럼 이중나선 DNA를 유전체로 가지고 있지 않고, 레트로바이러스의 유전체는 단일가닥의 RNA로 구성되어 있다. 보통 우리 몸에서 DNA 형태로 존재하는 유전자는 지속성을 가지고 유전될 수 있으며, RNA 형태로 대사되어 해당 유전자에 기반한 단백질을 만드는 데 사용된다. 이때 만들어지는 RNA는 단일가닥으로 외부 환경에 흔하게 존재하는 효소에 의해 쉽게 분해되고 세포 안에서도 만들어지고 오랜 기간 머물지 않는다. 이러한 특성을 갖는 RNA를 유전체로 가지고 있는 레트로바이러스는 숙주 세포에서 좀 더 오래 머물 수 있는 방법을 강구해 온 듯하다. 레트로바이러스가 가지고 있는 역전사 효소는 유전 정보는 그대로 유지하면서 RNA를 이중가닥의 DNA로 변환시켜 주는 기능을 한다. 일반적으로 우리 몸의 세포에서는 유전자의 발현을 위해 DNA를 기반으로 RNA를 만들고, RNA를 기반으로 단백질을 만드는 절차를 가지며, 각 단계별로 필요한 다양한 효소를 가지고

---

25) 역전사 효소(Reverse transcriptase)는 레트로바이러스와 B형 간염 바이러스 등에서 발견되는 특징적인 효소이다.

있다. 즉, 바이러스의 RNA를 성공적으로 이중가닥의 DNA로 만들게 되면 바이러스의 유전자는 숙주 세포의 대사 과정에 편입되어 효과적으로 발현될 수 있다.

두 번째로, 이렇게 바이러스의 역전사효소를 통해 만들어진 이중가닥 DNA를 숙주 세포의 유전체 DNA에 삽입시켜 주는 인테그레이즈(Integrase)라는 효소이다. 바이러스의 유전체가 DNA로 변환되는 것에서 나아가 인테그레리즈의 작용으로 숙주 세포의 DNA에 삽입되면 바이러스와 숙주 세포는 한 배를 탄 것처럼 되어 버린다. 보다 강력한 신분 세탁이 되는 것이다. 이러한 상태의 레트로바이러스를 프로바이러스(Provirus)라고 한다. 프로바이러스는 숙주 세포의 유전체 안에서 DNA 형태로 존재하면서 언제든 바이러스의 원래 유전체인 RNA로 만들어질 수 있고, 이러한 RNA를 통해서 바이러스 단백질도 만들 수 있다. 이로써 바이러스는 보다 효율적으로 자신의 유전체를 복제하고 바이러스 입자를 만들어낼 수 있게 된다. 결국 바이러스는 숙주 세포에 감염되어 자신의 유전체를 숙주 세포의 유전체에 끼워 넣는 데에만 집중하면 나머지는 쉽게 풀리는 것이다.

다만, 바이러스 유전체가 삽입되는 위치는 숙주 세포 DNA의 어느 부위든 가능하기 때문에, 바이러스 유전체가 어디에 삽입되는가에 여러 가지 현상이 발생할 수 있다. 세포의 중요 기능을 담당하는 유전자 부위에 삽입되면 세포의 정상 기능이 억제될 수 있고, 세포 분열을 조절하는 유전자 부위에 삽입되면 세포가 지속적으로 분열하는 종양 세포로 변할 수 있다. 심지어 숙주의 유전자를 일부 포함하여 바이러스 유전체를 합성하여 나중에 추가된 숙주의 유전자가 바이러스의 증식과 감염된 숙주 세포의 기능에 영향을 미치기도 한다. 이러한 레트로바이러스는 그 종류가 다양하다. 기본적으로 역전사 효소와 인테그레이즈를 만드는 유전자를 보유하고 있고, 바이러스의 구조를 이루는 구조단백질 유전자가 있다. 앞서 이야기한 것처럼 어떤 레트로바이러스는 숙주 세포 유전자 일부를 포함할 수도 있고, 대부분 그런 경우는 종양과 관련된 유전자인 경우가 많다. 에이즈라는 후천성 면역결핍증을 유발하는 인간면역결핍 바이러스(Human Immunodeficiency virus, HIV)의 경우도 레트로바이러스에 속하며, 주로 우리 몸의 면역 세포에 감염되어 서서히 숙주 세포를 파괴하면서 면역결핍증을 유발하게 된다. 레트로바이러스는 숙주 세포의 유전체에 삽입되어 증식하므로, 감염되는 세포가 어디냐에 따라, 바이러스가 종양 유전자를 가지고 있는지 여부에 따라, 프로바이러스가 삽입되는 숙주 세포의 유전체 부위에 따라, 다양한 종류의 바이러스가 존재하고 바이러스마다 감염되었을 때 나타나는 질병이 다양할 수 있다.

그런데 이 레트로바이러스 중 어느 하나가 우리 몸의 세포 중에서 정자와 난자를 만드는 세포에 감염되었다고 생각해 보자. 일단 프로바이러스가 삽입되는 위치의 유전자가 세포의 생존이나 생식 세포로서의 기능에 영향을 미치는 경우에는 감염된 세포가 정상적인 활동을 하기 어려울 것이다. 하지만 프로바이러스가 삽입되는 위치가 세포의 정상적인 활동에 크게 영향을 미치지 않는다면 이야기는 달라진다. 프로바이러스가 숙주의 유전체에 삽입되었다는 이야기는 바이러스의 유전체가 숙주 세포의 유전체와 함께 움직인다는 것이다. 생식 세포는 감수분열이라는 특수한 세포분열 과정을 통해 정자와 난자를 만들어낸다. 이때 바이러스 유전체도 이 과정에 함께 참여하면서 정자와 난자에 다른 유전자들처럼 포함될 수 있는 것이다. 결과적으로 정자와 난자가 만나 새로운 생명이 만들어질 때 이 바이러스도 새로운 생명의 일부처럼 된다는 것이다. 부모가 가지고 있는 다른 정상적인 유전자들처럼 프로바이러스도 자식에게 유전되는 것이다. 이렇게 유전된 프로바이러스는 새로 태어난 아이가 자라서 다시 자식을 낳게 되면, 그 자식에게도 유전되고 결과적으로 우리의 현재가 아닌 과거와 미래를 모두 감염시키는 것이 된다.

안타깝게도 이런 상황은 실제로 존재한다. 현재 우리 몸의 유전체에는 부모 세대로부터 이어져 온 프로바이러스가 존재하고 있다. 유전체 여기저기에 다양한 레트로바이러스들의 프로바이러스가 삽입되어 존재하며, 이를 내인성 레트로바이러스(Endogenous retrovirus)라고 한다. 실제 사람의 유전체에는 5% 이상의 내인성 레트로바이러스가 존재한다고 알려져 있다.[26] 물론 프로바이러스 유전체 구

---

26) Belshaw R, Pereira V, Katzourakis A, et al. Long-term reinfection of the human genome by endogenous retroviruses. Proc Natl Acad Sci U S A. 2004;101(14):4894-4899.

조의 불완전성으로 인해 삽입되어 있는 프로바이러스가 활성화되어 완전한 감염능을 갖는 바이러스 입자를 만들지는 못하는 것으로 알려져 있다. 그러나 인간면역결핍 바이러스와 같이 감염능을 갖는 외인성 레트로바이러스(Exogenous retrovirus)가 감염될 경우 복제 과정 중에 부족한 유전 물질을 받아 다시 활성화될 수 있는 충분한 가능성을 가지고 있다. 또한 오랜 기간 그리고 동물에서는 실제 내인성 레트로바이러스 중에서 감염능을 갖는 바이러스 입자를 만들어내는 것들도 보고된 바 있다. 화산으로 비유하자면 현재 휴화산 상태라고 할 수 있는 것이다.

이처럼 내인성 레트로바이러스는 아주 오래전 우리에게 감염되어 마치 우리 몸의 일부인 것처럼 존재하고 있다. 그리고 다양한 동물마다 고유의 내인성 레트로바이러스를 가지고 있다. 진화론적으로 보면 종 분화가 일어나기 전에 삽입된 바이러스도 있을 것이고, 종 분화 이후에 새롭게 감염된 바이러스도 있을 것이다. 다만, 분명한 사실은 한번 삽입된 프로바이러스는 쉽게 제거되지 않는다는 것이고, 우리 몸의 유전체에 박혀 있는 프로바이러스들은 인류가 오랜 기간 이 바이러스와 싸워 온 화석과 같은 흔적일 수도 있다. 그럼에도 불구하고 숙주의 변화는 곧 바이러스의 변화라고 한바 있다. 숙주라는 환경의 변화 속에서 다양성을 바탕으로 변화하는 환경에 적응하는 바이러스라고 생각해 볼 때, 우리의 어떤 변화가 내인성 레트로바이러스의 변화에 영향을 줄 수 있을지에 대한 고민이 계속되어야 할 것이다.

03

보이지만
잡기 힘든
사마귀

어린 시절 손가락에 생기는 울퉁불퉁한 혹을 보았거나 경험했던 분들이 많을 것이다. 필자도 역시 어린 시절 손가락에 사마귀가 생겨서 자꾸 만지고 떼어 내려고 했던 기억이 있다. 보통 사마귀라고 불렀던 이 혹은 상당히 성가신 녀석이었다. 당시 어린 친구들 사이에서 사마귀는 옮느냐 옮지 않느냐의 이슈가 있었을 정도로 실재하지만 정보가 많이 없었던 질병이었다. 사실 사마귀는 인유두종바이러스의 감염에 의해 생기는 바이러스성 감염병이라는 점에서 옮을 수도 있다는 말이 정확하겠다. 그리고 인유두종바이러스의 종류에 따라 서로 다른 형태의 사마귀가 만들어지기도 한다.

어떤 인유두종바이러스들은 점막 상피 등에 지속적으로 감염되어 자궁경부암과 같은 종양을 유발하기도 한다. 사마귀도 종양의 한 형태이므로 전염성이 있는 종양이라는 표현도 가능하다. 여기서는 일반적으로 우리가 알고 있는 피부의 사마귀를 바탕으로 이야기해 보자. 사마귀는 5세에서 20세 사이에 주로 발생한다고 하니, 항상 발병하는 것은 아닌 것이다. 이는 아마 우리 몸의 면역 시스템과도 관련이 있을 것이다. 다만, 인유두종바이러스의 감염에 의해서 사마귀가 발병하게 되면 꽤 오랜 기간 지속되고, 외과학적인 치료를 통해 제거해야 할 정도로 끈질기게 우리 몸에 남아 있게 된다. 실제 사마귀라는 질병이 없어졌다 하더라도, 인유두종바이러스가 완전히 없어진 것은 아닐 수 있다는 것이다.

사마귀를 유발하는 인유두종바이러스는 정상적인 피부를 통해 쉽게 감염될 수 없는 특징을 가지고 있다. 보통 피부나 점막처럼 외부 환경과 접촉하는 신체 부위는 상피(Epithelium)라는 조직으로 구성되어 있다. 피부 상피 조직의 대부분은 상피 세포로 구성되어 있다. 가장 바깥쪽의 피부 조직은 상피 세포가 죽어서 주로 케라틴만 남아 있는 형태로 각질을 구성하여 피부를 보호하는 역할을 한다. 그리고 상피의 바닥부분에는 바닥 세포(Basal cells)가 존재하는데, 이 세포들은 세포 분열을 통한 증식이 가능하여, 바닥 세포는 증식할 수 있는 능력을 바탕으로 다양한 요인에 의해 탈락되거나 손상되는 상피 세포의 재생에 기여한다. 그런데 인유두종바이러스가 처음 감염될 수 있는 곳이 바로 이 바닥 세포인 것이다.

바이러스가 자연적으로 피부의 바닥 세포까지 침투하기 위해서는 각질층을 통과해야 하기 때문에 숙주의 피부가 정상적인 상태에서는 바이러스의 감염이 쉽지 않다. 따라서 일반적으로 인유두종바이러스는 피부에 상처가 난 경우를 틈 타 바닥 세포에 감염된다. 피부에 상처가 날 경우 침투하여 감염할 수 있는 제한적인 감염 경로를 가진다. 다만, 남의 상처를 이용해서 자신의 이득을 취한다는 점에서 좋게 볼 존재만은 아닐 것이다.

또한 여기서 우리가 생각해 볼 점 중의 하나는 인유두종바이러스 유전체의 특징이다. 일단 이 바이러스는 원형의 이중나선 DNA를 유전체로 가지고 있다. 허피스바이러스와 B형 간염 바이러스가 잠복 감염 상태에 있을 경우 모든 것을 버리고 자신의 유전 정보를 담은 원형의 이중나선 DNA 형태로 존재한다는 점에서 인유두종바이러스도 비슷한 상황으로 존재할 수 있다. 즉, 허피스바이러스처럼 에피솜 형태가 존재한다는 것이다. 심지어 인유두종바이러스는 레트로바이러스처럼 숙주 세포의 유전체에 끼어들어 갈 수 있는 능력도 있다. 다시 말하면, 감염되는 상피 세포의 유전체 DNA에 끼어들어 갈 수 있다는 말이다. 이는 인유두종바이러스 또한 면역 시스템의 감시망에서 벗어나 오랜 기간 우리 몸의 상피에 감염되어 있으면서 지속적으로 증식할 수 있는 능력을 가진다는 것이다. 결국 인유두종바이러스를 없애기 위해서는 바이러스에 감염된 세포를 모두 제거해야 하지만, 에피솜이나 숙주의 유전체에 끼어들어 간 세포를 찾아내기가 쉽지는 않을 것이다. 그렇다면 이 바이러스는 왜 이토록 심할 정도로 숙주 세포에 기생하려 하는 것일까? 아마도 인유두종바이러스 유전체의 크기에서 그 답을 찾아볼 수 있을 듯하다.

인유두종바이러스는 유전체의 크기가 8-kb이다. 이것은 염기서열의 길이가 8,000개라는 의미이다. 사람에서 큰 유전자는 2,000-kb가 넘는 경우도 있고, 일반적으로 유전자들의 크기가 10-kb 이상이기 때문에 인유두종바이러스의 유전체 크기는 매우 작은 편이다. 유전체의 크기가 작을수록 숙주 의존성은 더욱 높아지는 경향이 있다. 이 바이러스는 약 8개 정도의 유전자를 가지고 있고 약 2개의 바이러스 입자(비리온)를 만들 수 있는 유전자와 6개의 바이러스 증식에 관여하는 유전자를 포함한다[27]. 그러나 이만큼의 유전자만으로는 바이러스의 유전체의 복제와 바이러스 단백질의 완전한 생산이 불가능하다. 대부분의 바이러스 유전체 합성과 단백질 생산을 위해 숙주의 다양한 유전자를 활용할 수밖에 없을 것이다. 또한 숙주의 다양한 유전자를 효과적으로 이용하기 위해서는 숙주의 대사 시스템에 대한 호환성을 가지고 있어야 한다. 이에 인유두종바이러스는 이중나선 DNA 형태의 유전체를 가지며 숙주의 유전체와 유사한 구조를 가지고 있어 어느 정도의 호환성을 확보한 셈이다. 즉, 자신의 유전체를 복제하기 위해 숙주의 복제 관련 유전자들을 이용하기 용이한 구조이다.

---

27) https://www.who.int/biologicals/areas/human_papillomavirus/en/

우리의 세포, 숙주 세포는 항상 복제 관련 유전자들을 작동시키지 않는다. 다만, 우리에게 필요한 경우에만 복제 관련 유전자를 작동시켜 정상적인 세포분열을 진행하고, 필요가 없을 때는 해당 유전자들은 꺼져 있는 상태이다. 이는 다양한 기능성 유전자가 관여하는 고도의 항상성 유지 기전에 의해 조절된다. 이 조절 기전에 관여하는 유전자들의 돌연변이 등에 의해 어느 하나라도 정상적인 작동이 이루어지지 않는 경우, 세포는 사멸되거나 지속적으로 분열하게 된다. 지속적으로 분열한다는 것은 주변의 정상 세포를 신경 쓰지 않고 돌연변이 세포가 계속적으로 증식하는 상태를 나타내며, 이를 보통 종양화되었다고 한다. 종양이 주변 세포에 피해를 주면서 증식하게 되면 악성 종양, 바로 암이 되는 것이다.

따라서 인유두종바이러스 입장에서는 숙주 세포의 복제 관련 유전자들을 언제든 사용할 수 있는 것이 아니다. 이 바이러스가 복제를 통해 자손 바이러스들을 생산하기 위해서는 숙주 세포가 분열을 하면서 복제 관련 유전자들이 작동되어야만 한다. 그래서 그나마 피부의 상피 조직 중에서도 세포분열을 통해 증식을 할 수 있는 바닥 세포를 타깃으로 삼았을 것이다. 인유두바이러스는 바닥 세포에 감염되어 바닥 세포의 분열과정을 이용해서 효율적으로 증식할 수 있게 되었지만 완전히 만족스럽지는 않다. 바닥 세포가 증식할 수 있는 능력은 있지만 언제나 증식하는 것은 아니기 때문이다. 인유두종바이러스의 입장에서는 숙주 세포가 지속적으로 분열하는 상태에 놓여 있을 때, 자신의 유전체를 지속적으로 복제하여 자손 바이러스를 효율적으로 만들 수가 있는 것이다. 따라서 이 바이러스는 세포를 종양화할 수 있는 특수한 바이러스 단백질을 가지고 있다. E6, E7이라고 하는 이 바이러스 단백질들은 숙주 세포의 항상성을 유지하는 데 작용하는 다양한 조절 단백질에 작용하여 정상적인 상태의 세포를 지속적으로 분열할 수 있는 종양 세포로 변화시켜 버린다. 앞서 숙주의 변화가 곧 바이러스의 변화라고 이야기한 적이 있는데, 인유두종바이러스의 경우에는 자신의 생존을 위해 숙주를 변화시키는 특이한 바이러스라고 할 수 있다.

인유두종바이러스는 지속적으로 분열하는 바닥 세포 안에서 효율적으로 증식하여 새로운 자손 바이러스를 만들어낸다. 하지만 우리가 생각해 볼 수 있는 것은 만들어진 자손 바이러스 입자들이 어떻게 배출될 수 있는가 하는 것이다. 바닥 세포는 상피 조직에서 각질층 – 상피 세포층 – 바닥 세포의 순서로 가장 밑 부분에 위치하기 때문에 만들어진 바이러스가 상피 안에 갇혀 있는 모양새가 되는 것이다. 이를 해결하기 위해 바이러스는 종양화된 세포가 피부의 바닥 세포 기능을 가지면서도 지속적으로 분열할 수 있는 능력을 갖도록 한다. 즉, 종양화된 세포일지라도 상피 세포로 분화하여 각질화되는 과정을 수행하고 있는 것이다. 그렇기 때문에 바닥 세포의 분열을 통해 만들어지는 피부 상피 세포는 정상보다 더 많이 만들어지게 되고, 상피 세포의 각질화를 통해 형성되는 각질층도 덩달아 증가하게 된다. 이런 과정이 반복되고 쌓이면서 실제 우리가 눈으로 보는 사마귀와 같은 모습을 형성하게 되는 것이다.

그리고 아래쪽의 바닥 세포에서 맨 위의 각질화된 세포까지 전주기적인 과정 속에 인유두종바이러스는 항상 세포 안에서 함께하고 있다. 따라서 맨 바깥 쪽의 각질화된 세포를 통해 바이러스는 최종적으로 배출할 수 있게 된다. 사마귀를 긁고 뜯는 과정은 최종적으로 만들어진 바이러스 입자를 손에 묻혀 다른 곳으로 전파시킬 수 있는 행동이 될 수 있다.

그런데 한 가지 궁금한 것은 이 정도로 바이러스가 증식하고 있는 상태라면 우리 몸의 면역계가 이를 인지할 수 있어야 하며, 면역 세포들이 외부 침입자를 인지하고 침입자를 효과적으로 제거할 수 있는 다양한 전략을 펼칠 수 있어야 한다. 독감의 경우에도 증상이 나타난 후 며칠이 지나면 우리 몸의 면역반응에 의해 독감 바이러스가 제거되어 정상적으로 회복한다. 하지만 사마귀는 한번 발병하면 몇 개월 동안 지속된다. 회복되는 기미가 보이지 않는 것이다. 여기에는 여러 가지 이유가 있을 수 있고, 아직까지 명확한 면역학적 기전은 밝혀지지 않았다. 다만, 한 가지 생각해 볼 수 있는 것은 이 바이러스가 감염되는 조직이 면역학적으로 유리한 환경 조건이 아닐 수 있다는 것이다. 앞서 허피스바이러스가 면역 세포가 도달하기 쉽지 않은 신경 세포에 잠복 감염되어 우리를 오랫동안 괴롭힐 수 있는 것처럼 인유두종바이러스가 타깃으로 삼은 상피 조직도 면역 세포의 도달이 쉽지 않은 부위가 아닌가 생각해 본다. 사실 면역 반응에 관여하는 주요 면역 세포들은 조직학적으로 상피 세포 밑의 결합조직에 더 많이 존재한다. 그런데 바이러스에 감염된 바닥 세포는 밑의 결합조직으로 침투하여 증식하는 것이 아니라 마치 정상적인 상피 세포처럼 피부 바깥쪽으로 증식하면서 각질화된다. 면역 세포가 접근하기 어려운 부위에서 증식하면서 면역 세포가 주로 분포하는 조직으로부터 멀어지는 방향으로 팽창한다는 것이다. 따라서 주로 상피 조직에 국소적으로 감염되어 면역 세포에 인식되지 않는 선에서 숙주 세포를 변화시키고, 지속적으로 복제활동을 이어가는 인유두종바이러스의 전략은 참으로 영악하다.

지금까지의 이야기를 정리해 보면 인유두종바이러스는 처음 타깃 세포에 감염되기 어렵지만 한번 감염되면 숙주 세포를 변화시키면서까지 끈질기게 살아남는 방향으로 진화하였다. 일단 감염되기가 어렵지, 감염되면 본전을 뽑으려는 것이다. 어찌됐든 이 바이러스는 정상적인 피부의 각질층을 통과하여 타깃에 도달하기가 불가능하므로 상처가 생길 때를 노려야 하고, 상처가 생길 때까지 기다리려면 바이러스 입자는 외부 환경에 노출되었을 경우에도 오랜 기간 감염능을 유지해야 한다. 그래서 인유두종바이러스는 외부 환경에서 오랜 기간 살아남을 수 있는 비리온을 가지고 있다. 비리온은 건조한 환경에서도 7일까지도 감염능을 유지할 수 있고, 일반적인 환경에서는 더 오랜 기간 감염능을 잃지 않고 살아남을 수 있을 것이다. 따라서 한 번 외부 환경으로 배출된 바이러스 입자는 오랜 기간 생존하여 일상생활의 다양한 매개물을 통해 주변에 상처를 입은 다른 사람에게 전파할 수 있는 확률을 높일 수 있다. 결국 사마귀는 인유두종바이러스가 어렵게 숙주의 상처를 포착하고 감염에 성공하여 만들어낸 성과물이기에 우리가 쉽게 제거할 수 없을 지도 모르겠다.

좀비 바이러스는 가능할까?

최근 들어 좀비 바이러스와 관련된 한국 영화가 여러 번 상영되었다. 좀비에게 물리면 좀비가 되어 다른 사람을 물려고 한다. 좀비에게 물린 사람은 좀비 바이러스에 감염되어 한 시간도 안 걸리는 빠른 시간에 정신을 잃고 눈빛이 바뀌며 매우 공격적이고 폭력적으로 변하게 된다. 이런 영화를 보면서 실제 좀비 바이러스가 나타날 수 있을까에 대한 궁금증이 생기게 된다. 감염된 숙주에게 물려서 바이러스가 전파된다는 점과 바이러스 감염에 의한 발병 양상이 신경 증상과 폭력성이라는 점에서 볼 때, 현존하는 바이러스 중 가장 가까운 바이러스는 광견병 바이러스라고 할 수 있겠다. 그렇다면 광견병 바이러스의 특징에 기반하여 좀비 바이러스의 몇 가지 특성을 이야기하면서 그 가능성을 생각해 보자.

먼저, 좀비 바이러스에 물리는 순간 좀비 바이러스는 빠른 시간 안에 뇌를 장악한다. 주인공은 좀 더 늦게 발병하는 경향이 있지만, 일반 엑스트라는 물리고 나서 10분도 안 되어 좀비 증상이 나타나기 시작한다. 하지만 이는 숙주 세포에 의존적인 증식을 하는 바이러스의 특성으로 볼 때 불가능한 이야기이다. 광견병 바이러스의 경우 물린 부위에서 일차적인 증식을 하고, 신경계를 따라 뇌까지 이동하여 본격적인 임상 증상을 나타내기까지 약 한 달 정도의 잠복기가 필요하다. 1년의 잠복기 사례도 보고되고 있다. 보통 실험실 조건에서도 증식성이 좋은 바이러스의 경우라고 하더라도 배양된 세포에 감염되어 최대로 증식할 때까지 최소 24시간 이상의 시간이 필요하다. 말단 신경을 통해 침투한 바이러스가 뇌까지 도달하기 위해서는 신경 세포를 타고 이동해야 하는데, 신경세포 안에서 보통 물질의 이동 속도는 하루에 4cm라고 한다[28]. 즉, 좀비에게 뇌에서 가장 가까운 곳을 물려서 고농도의 바이러스가 감염되어 증식하고, 신경 말단에 신속히 도달하여 뇌까지 이동하여 증상이 나타날 때까지의 기간을 짧게 잡더라도 최소한 2~3일이 필요한 셈이다. 따라서 현실적으로 생각해 보면, 좀비에 물린다고 해서 10분만에 좀비로 변하는 일은 가능성이 매우 낮아 보인다.

모든 좀비 영화에 해당하는 것은 아니지만, 좀비들은 죽지 않고 어딘가에 조용히 모여 있는 모습을 볼 수 있다. 아주 오랜 기간 죽지 않고 좀비 증상을 보이면서 살아남은 것처럼 묘사되는 경우가 일반적이다. 하지만 일반적으로 생체활동을 위해서는 물과 에너지가 필요하다. 만일 물과 음식이 공급되지 않는다면 좀비들은 서서히 생체활동을 할 수 없게 되면서 죽게 될 것이다. 또한 광견병 바이러스의 경우에는 감염 숙주의 신경 세포의 손상을 통해 물과 음식을 삼킬 수 있는 활동도 할 수 없게 되고, 나중에는 호흡 근육을 조절하는 신경의 손상으로 인해 죽게 된다. 따라서 좀비 바이러스에 감염된 숙주가 죽지 않고 살아남으려면, 바이러스에 의한 뇌 신경조직 손상이 숙주의 광폭성 발현에만 기여하고, 먹고 마시고 숨 쉬는 것과 관련된 뇌의 기능에는 영향을 최소화하는 것이 중요

---

28) 신경 세포는 엑손이라고 하는 긴 돌기를 통해 말단 조직까지 연결되어 있으며, 세포 본체와 엑손 말단까지의 물질수송 기전이 발달해 있다. 여기서 말하는 속도를 정확히 말하면, 중추신경계의 신경 세포 본체에서 엑손 말단까지의 이동속도를 의미하고, 엑손 말단에서 중추신경계의 신경 세포 본체까지의 이동속도는 다를 수 있다. (Maday S, Twelvetrees AE, Moughamian AJ, Holzbaur EL. Axonal transport: cargo-specific mechanisms of motility and regulation. Neuron. 2014;84(2):292-309.)

하다. 그리고 같은 좀비끼리는 공격하지 않는 지능적인 요소도 남아 있어야 한다. 이를 위해서는 현재 과학적 정보만으로 해석할 수 없을 정도로 바이러스의 감염 타깃이 매우 정밀하고 특이적이어야 한다. 그렇다면 바이러스의 감염 타깃이 제한적일 가능성이 높아 교상(물린 상처)을 통해 전파될 수 있는 가능성은 낮아질 수도 있다. 즉, 영화처럼 오랜 기간 좀비로서 살아남는다는 것은 병리학적으로나 생물학적으로 쉽지 않다는 것이다.

또 하나 좀비 증상이 발현되고도 단기간에 죽지 않는다면, 면역반응이 나타날 수 있다. 우리 몸은 바이러스를 포함한 외부 미생물의 침입에 방어할 수 있는 특이적인 방어면역 시스템을 가지고 있다. 따라서 좀비가 죽지 않는다면 언젠가는 면역반응에 의해 좀비 바이러스에 대한 방어면역이 형성될 것이고, 비록 신경이 비가역적으로 손상되었을지라도 숙주 몸 안에서 바이러스의 증식과 배출은 어느 정도 감소시킬 것이다. 물론 좀비 바이러스가 신경계를 통해서만 이동하면서 우리 몸의 면역계에서 최대한 피할 수 있다면, 지속적인 감염을 유지할 수 있을지도 모르지만, 이 또한 허피스바이러스처럼 숨어 있는 형태이므로 계속적인 증식을 하는 순간 우리 몸의 면역계에 의해 인식될 것이다. 다른 방식으로 생각해 보면, 바이러스가 우리 몸의 면역 시스템을 파괴하는 능력까지 가지고 있어 지속 감염을 유지하려고 할 수도 있을 것이다. 즉, 주요 면역 세포에 감염되어 증식하는 능력을 가진 경우라면 충분히 가능한 일이다. 그러나 이 역시도 면역 시스템의 파괴로 인해 다양한 외부 세균, 진균 감염에 대응할 수 없게 되어 결국 좀비는 패혈증과 같은 다양한 감염병으로 인해 죽게 될 것이다.

144

　몇 가지 예에서 보듯이 영화 속의 좀비 바이러스는 현실에서 광견병 바이러스와 유사하면서도 매우 다르다. 좀비 바이러스는 광견병 바이러스와 마찬가지로 신경계에 침투하여 광폭성을 유발하는 바이러스라는 점에서는 공통점이 있지만, 바이러스 감염 후 발병까지의 시간이 매우 짧다는 것과, 발병 이후 죽지 않는다는 것은 현실적으로 불가능에 가깝다. 그럼에도 불구하고 바이러스가 우리의 정신과 행동에 영향을 미칠 수 있다는 것은 상상만 해도 매우 끔찍한 일이다.

무서운
바이러스들

바이러스와
인류

01
숙주의 생존에
영향을 미치는
바이러스

　세상에는 무수히 많은 바이러스가 존재하지만 우리 몸에 감염될 수 있는 바이러스는 그 중에서도 극히 일부이다. 우리 몸에 성공적으로 감염되었다 하더라도 면역 시스템에 의해 무력화되어 언제 우리에게 왔다 갔는지 알지 못할 수도 있고, 어떤 바이러스는 감염에 성공하는 순간 바로 질병을 유발할 수도 있다. 바이러스마다 우리 몸에 감염될 수 있는 능력의 차이도 있지만, 감염되어 질병을 유발하는 능력에도 차이를 보이게 된다. 그래서 우리는 발병력(Pathogenicity)이라는 표현을 사용한다. 말 그대로 바이러스의 감염에 의해 질병이 유발될 수 있는 정도라고 이해할 수 있을 것이다. 발병력이 높은 바이러스란 숙주 입장에서는 골치 아픈 바이러스라고 할 수 있으며, 질병이라는 고통을 겪어야 하기 때문이다.

바이러스 감염에 의해 발병이 되었다 하더라도 그 임상 증상이 약하다면 숙주 입장에서는 큰 부담이 없다. 물론 기저 질환이 있는 숙주의 경우에는 바이러스 감염에 의한 증상 악화의 위험이 있지만, 정상적인 숙주의 경우에는 충분히 극복할 수 있다. 예를 들면 흔히 감기 바이러스는 우리 몸의 상부 호흡기에 감염되어 감기라는 질병을 유발하고, 노로 바이러스는 소화기 감염을 통해 바이러스성 설사병을 유발한다. 감기 정도라면 잠시 성가시고 불편하지만 며칠 후에 회복되어 바로 정상적인 생활을 할 수 있다. 바이러스성 설사도 건강한 성인의 경우에는 수액 요법과 같은 대증치료를 통해 충분히 회복될 수 있다. 사마귀와 같은 피부 바이러스 감염증의 경우에도 병변 부위가 자꾸 신경 쓰이는 것을 빼고는 숙주의 생존에 크게 영향을 미치지는 않는다. 즉, 발병력이 높은 바이러스라고 해서 반드시 숙주의 생존에 큰 고통을 준다는 의미는 아니다.

하지만 세상에는 한번 발병하면 숙주의 생존에 큰 영향을 미치는 바이러스성 감염병이 존재한다. 발병하는 순간 숙주에게 죽음의 위협뿐만 아니라 실제 죽음을 부여하는 바이러스가 인간을 포함한 다양한 동물에 존재하고 있다. 숙주에 감염되어 질병을 야기하고 그 질병의 중증도가 심해 숙주를 죽게 만든다. 즉, 치사율이 높은 바이러스를 의미한다. 이를 바이러스의 독력(Virulence)이라고 한다. 독력이 높은 바이러스일수록 숙주에 감염되어 심한 질병을 유발할 뿐만 아니라 숙주의 사망까지 야기할 수 있다. 사람에게 2014년쯤 서아프리카에서 유행했던 에볼라 출혈열이나, 우리나라에서 처음 원인체를 발견하여 보고되었던 신증후군 출혈열 등이 독력이 높은 바이러스 감염병이다. 최근 우리나라에서 최초로 발생하였던 아프리카 돼지열병 등도 사육돼지에 치명적인 바이러스 감염병이다. 이렇게 치명적인 바이러스들은 치사율이 높아 숙주가 방어면역을 형성하기 전에 이미 숙주가 사망하는 특성을 가진다. 즉, 인공적인 능동면역 부여 방법인 백신을 사용하지 않는 한, 자연적인 회복과 방어면역 형성을 기대하기가 어렵다.

이렇게 독력이 높은 바이러스들은 일반적으로 독력이 낮은 바이러스에 비해 숙주의 생체를 구성하는 중요한 시스템에 침투할 수 있는 능력이 높다. 앞서 감기나 설사를 유발하는 바이러스들은 일반적으로 해당 장기나 조직에 감염되어 증식하면서 질병을 유발한다는 점에서 국소적인 감염을 한다고 볼 수 있다. 감기 바이러스가 장에서 증식을 한다거나 설사병 바이러스가 호흡기에 감염되는 경우는 거의 없다. 물론 바이러스의 돌연변이와 숙주 환경의 변화에 따라 바이러스가 감염되는 장기나 조직이 바뀔 수 있다. 하지만 독력이 높은 바이러스들은 국소 감염에서 나아가 전신 감염 형태가 일반적이며, 호흡기나 소화기와 같은 일부 조직이나 장기에서만 관찰되는 것이 아니라 모든 장기와 조직 등에서 관찰되는 경우가 많다.

이는 독력이 높은 바이러스들이 우리 몸의 모든 부위에 네트워크를 제공하고 있는 혈관계나 신경계에 침투하여 이용할 수 있기 때문에 가능하다. 혈관은 심장으로부터 우리 몸의 머리부터 발끝까지 네트워크를 구성하고 혈액을 통해 산소와 영양분을 운반하며, 우리 몸 곳곳의 노폐물을 간이나 신장까지 이동시켜 처리하는 역할을 한다. 따라서 보통 세균 감염이 이루어지면, 세균이 혈액에 침투하고 전신으로 퍼져나가 여기저기에서 증식하면서 숙주의 생존을 위협하게 된다. 이를 패혈증이라고 하며 항생제를 이용한 강력한 치료가 요구된다. 바이러스도 마찬가지로 혈액을 타고 여러 장기에 감염될 수 있는 능력을 가진 바이러스일 경우 숙주에게 매우 치명적일 수 있다. 혈액을 타고 단순하게 돌고 돌면서 여러 장기에 감염되는 것뿐만 아니라, 혈관의 주요 세포에 감염되어 증식하는 상태라면 그 독력은 훨씬 높아진다. 혈관의 손상은 다양한 조직의 출혈성 질병을 유발할 수 있고, 혈관 손상에 의해 적절한 혈압을 유지할 수 없으므로 결국 정상적인 혈액 순환을 할 수 없다. 또한 직접적인 혈관 세포 감염이 이루어지지 않는 바이러스라 할지라도 많은 양이 혈액을 타고 자유롭게 이동하다 보면 숙주의 면역 반응을 과도하게 자극할 수 있다. 우리 몸의 면역계는 보통 상처를 입거나 감염에 의한 국소적 피해를 입었을 때, 주변 혈관의 투과성을 높여 주어 면역 세포들이 효과적으로 피해 부위에 도달할 수 있도록 하지만, 혈액을 타고 돌아다니는 과도한 양의 바이러스에 의해 면역반응이 여기저기 여러 부위에서 일어나게 된다면 전신 혈관의 투과성 증가로 인해 정상적인 혈액 순환이 이루어질 수가 없다. 즉, 바이러스가 혈액 순환 시스템에 침투하여 증식하고 이동할 수 있는 능력을 가진 경우, 숙주에게는 더욱 위험할 수 있는 것이다.

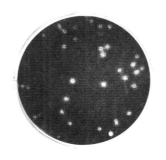

▌ 바이러스가 감염된 부위의 세포 변성효과

신경계도 마찬가지이다. 신경계는 우리 몸의 가장 중요한 컨트롤 타워인 뇌와 척수를 기반으로, 우리 몸에 또 다른 네트워크를 구성하고 있다. 그리고 신경 조직은 정교한 신호전달 체계로서 한번 만들어지면 재생이 쉽지 않은 특성을 가지므로 우리 몸의 면역계는 웬만하면 신경계를 건드리지 않으려 한다. 따라서 바이러스 입장에서는 신경계에 침투할 수 있다면, 숙주의 면역 시스템으로부터 최대한 숨고 자신의 존재를 유지할 수 있는 유리한 고지를 취하게 된다. 게다가, 바이러스가 단순히 신경계에 숨어 있을 뿐만 아니라 신경 네트워크를 적극적으로 활용하여 증식하게 된다면 숙주 입장에서는 상당히 치명적이다. 바이러스가 증식을 한다는 것은 숙주 세포에 직간접적으로 피해를 입힌다는 것인데, 그 숙주 세포가 신경 세포라면 우리 몸의 컨트롤 타워가 공격을 받는다는 이야기가 된다. 뇌는 우리 몸의 조직과 장기의 정상적인 활동을 컨트롤하는 것은 물론, 우리의 생각과 행동까지 컨트롤하게 된다.

이러한 뇌가 바이러스의 공격을 받는다는 것은 우리 몸의 정상적인 활동과 균형을 유지할 수 없는 상황으로 이어질 수밖에 없다. 의식과 행동에 영향을 미칠 수도 있고, 결국에는 생존을 위한 호흡과 심장의 운동을 관장하는 신경망의 손상으로 숙주는 사망하게 될 것이다. 특히, 신경계의 손상은 재생이 어려워 심한 후유증을 남기므로 야생에서는 회복된다 하더라도 생존하기 어려울 것이다.

이처럼 독력이 높은 바이러스들은 숙주의 중요한 생체 네트워크에 침투하여 전신에 영향을 미칠 수 있다는 점에서 공통점이 있다. 혈관계와 신경계 모두 숙주의 생존에 매우 중요한 네트워크이고, 이러한 바이러스는 그 네트워크를 이용하여 증식하면서 결국 숙주에게 큰 피해를 입히게 된다. 숙주 의존성이 높은 바이러스가 그 숙주를 죽게 만든다는 점은 상당히 아이러니하다. 앞서 숙주의 변화는 곧 바이러스의 변화라고 이야기한 바 있다. 이것은 숙주가 바이러스의 진화 방향을 선택한다는 말이다. 하지만 이렇게 독력이 높은 바이러스들이 지속적으로 존재하고 어딘가에서 새롭게 발생하는 것을 보면 조금은 궤변일 수 있겠지만, 이 바이러스들이 선호하는 진정한 숙주는 사람이 아니라 지구 어딘가에 따로 존재하고 있는 것은 아닐까라는 생각이 들기도 한다.

02

우리의 정신과 행동을
지배하는
바이러스?

물을 무서워하는 질병이 있다? 한 바이러스가 유발하는 공수병(恐水病)에 대한 이야기이다. 공수병은 발병되는 순간 100%에 가까운 사망률을 보인다. 바이러스가 우리의 가장 중요한 핵심 기관인 뇌를 공격하기 때문이다. 뇌가 손상되면 우리의 의지는 사라져가고 온 몸이 마비되기 시작한다. 물과 음식을 삼키는 연하 작용에도 문제가 생겨 물을 마시려 할 때마다 사레에 걸리게 된다. 몸의 감각은 극도로 민감해져서 약한 바람이나 조명에도 화들짝 반응하고 정상적인 인지활동이 이루어지지 않는다. 심지어 통제 불가능한 상태에서 공격적인 행동이 나타나고 입에서는 과도한 침이

흘러내린다. 온몸의 근육이 수축하며 마비되고 결국에는 호흡기의 마비가 동반되어 사망하게 된다. 공수병 증상이 처음 발병한 후 1~2주 안에 나타나는 현상이다. 이 무시무시한 질병을 유발하는 원인체가 바로 광견병 바이러스(Rabies virus)[29]이다.

우리는 쉽게 상상할 수 없지만 오랜 옛날부터 이 바이러스는 우리와 함께 있어 왔다. 기원전 2,000년 전의 메소포타미아 문명의 유적에서도 이 질병과 관련된 이야기가 있을 정도이다. 광견병 바이러스는 사실 사람뿐만 아니라 다른 대부분의 동물에 감염될 수 있으며, 따뜻한 피를 가진 동물은 모두 숙주가 될 수 있다는 말이다. 그래서 이 질병은 우리 사람에서는 공수병이라고 부르고, 다른 동물에서는 광견병이라고 부르는데, 모두 하나의 바이러스인 광견병 바이러스에 의해 유발되는 질병이다. 타질병처럼 코나 입으로 침투하는 것도 아니고, 모기에 의해 감염되는 것도 아니다. 광견병 바이러스는 우리가 알고 있는 다른 바이러스들에 비해 상당히 독특한 전파 경로를 가지고 있다. 바로 감염된 동물에게 물려서 전파된다. 물려서 전파된다는 점에서 최근 유행하는 좀비 영화의 좀비 바이러스와 가장 유사한 바이러스라고 볼 수 있을 것 같다. 특히 물려서 전파된다는 것은 생각보다 복잡한 생체 내 이동 경로를 가져야 하는데, 광견병 바이러스는 이를 완벽히 수행한다는 점에서 그 기원과 진화 방향성에 대한 궁금증이 생긴다.

---

29) 최근 광견병 바이러스의 분류학적 명칭은 Rabies Lyssavirus이다.

광견병 바이러스는 물린 상처인 교상에 의한 전파가 이루어지는 바이러스라는 점에서 일단 바이러스에 감염된 숙주가 물 수 있는 능력을 가진 동물들이 바이러스의 전파에 용이하다. 그리고 따뜻한 피를 가진 모든 동물이 감염될 수 있다는 점에서 동물-동물, 동물-사람 간의 전파는 언제든 일어날 가능성이 있다. 다만, 사람에서 사람으로의 전파 사례는 과거에는 모르겠지만 현대 사회에서는 명확히 보고된 바가 없는 것 같다. 어쨌든 물 수 있는 능력을 가진 동물이 광견병에 걸리면 같은 종의 동물뿐만 아니라 다른 종의 동물을 물어서 바이러스를 전파시킬 수 있는 것이다. 그래서 보통 사람의 경우 광견병에 걸린 개, 고양이, 너구리, 박쥐 등에 물려서 공수병에 걸리는 사례가 일반적이다. 이렇게 물린 부위를 통한 바이러스의 침입 경로를 알고 있기에, 과거 19세기만 하더라도 St. Hubert's key라는 못과 같이 생긴 철제 도구를 불에 달구어서 물린 부위를 바로 지지는 예방적 치료법이 사용되기도 했다. 다소 끔찍할 수 있지만 공수병이 발병하는 것에 비하면 그 당시에 할 수 있었던 최선의 방법이지 않았을까 생각해 본다.

　　그렇다면 광견병 바이러스가 어떻게 숙주의 행동 변화를 이끌고 다른 숙주로 전파되는지에 대해 살펴보자. 광견병에 걸린 동물은 과도한 침을 흘리고, 이 침에는 많은 양의 광견병 바이러스가 존재한다. 따라서 광견병에 걸린 동물에게 물리면 상처 부위를 통해 많은 양의 바이러스가 침투할 수 있게 된다. 광견병 바이러스는 세포의 아세틸콜린 수용체에 결합하여 세포에 침투하게 되는데,

이 수용체는 근육 세포와 신경 세포에서 많이 존재한다. 물린 상처 부위의 근육 세포에 존재하는 아세틸콜린 수용체에 결합한 바이러스는 근육 세포에서 일차적으로 증식하고 비리온을 만들어 낸다. 비리온이 많이 만들어지면 만들어질수록 바이러스 입자가 주변의 신경 세포에 감염될 수 있는 확률이 높아지기 때문이다. 신경 세포에 감염된 바이러스는 아직 말단 신경 부위에 감염된 상태인데, 물린 부위에 얼얼한 느낌이 드는 정도이다. 하지만 말단 신경은 결국 뇌와 척수를 포함하는 중추 신경계까지 연결되어 있으므로 말단 신경을 통해 감염에 성공한 바이러스는 언젠가는 뇌까지 도달하게 된다.

뇌까지 도달하면 바이러스는 지속적으로 증식하면서 뇌의 정상적인 활동을 망가뜨리고, 뇌에서만 증식하는 것이 아니라 신경망을 통해 신경 말단까지 이동할 수 있다. 신경 조직은 우리 몸의 면역 시스템이 작용하기 어려운 부위로서 일단 신경계에 바이러스가 들어오게 되면 일반적인 방어면역 반응으로 대응하기가 쉽지 않다. 특히 신경망을 통해 침샘까지 이동한 바이러스는 침샘에서 지속적으로 증식을 하면서 바이러스 입자를 배출하기도 한다. 이 바이러스에 감염된 숙주의 신경망은 정상적인 기능을 잃어가고 광견병 바이러스가 증식하고 이동하는 용도로 바뀌어 버린다. 우리 몸의 신경계가 바이러스에 의해 지배당하는 셈이다. 뇌를 구성하는 신경세포가 망가지면서 서두에 살펴보았던 다양한 임상 증상이 나타난다. 감각 신경의 손상으로 인해 다양한 외부 자극에 과도하게 반응하기 때문에 빛을 피하고 피부에 작은 바람이 닿아도 과민하게 반응한다. 또한 운동 신경이 손상되어 몸의 마비가 나타나고 삼키는 근육들의 정밀한 조종이 힘들어지므로 물을 마실 때마다 기도로 들어가 물 마시는 것을 무서워하게 된다. 그래서 공수병이라는 질병명을 붙이게 되었다. 뇌와 신경계의 지속적인 손상으로 인해 대부분의 감염자는 발병이 되면서 2주 이내에 사망하는 것으로 보고되고 있다.

다행히도 역사가 오래된 감염병인 만큼 백신이 개발되어 있고, 백신에 의한 방어 효과가 매우 높다. 하지만 공수병이 일단 발병하게 되면 의학적으로 손을 쓰기는 쉽지 않다. 임상 증상이 나타난다는 것은 바이러스가 이미 신경계에 침투한 상황이기 때문이다. 그러나 광견병에 걸린 것으로 의심되는 동물에 물린 경우라고 해도 신경계로 바이러스가 침투하기 전에 응급 예방 조치를 시도할 수는 있다. 우선 물린 부위를 세척하고 주변에 광견병 바이러스를 중화할 수 있는 항체가 포함된 고농도의 혈청을 주사한 후, 백신을 2~3일 간격의 높은 빈도로 접종하여 최대한 방어면역을 형성할 수 있도록 한다. 이러한 조치에도 불구하고 공수병으로 발병할 가능성은 여전히 존재한다. 공수병의 증상이 시작되는 순간에는 더 이상 손 쓸 수 있는 방법이 없다. 최근 미국에서는 공수병이 바이러스가 증식하면서 신경계가 손상되는 질병인 점을 감안하여 환자를 마취하여 혼수상태로 만들어 신경 세포 안에서 바이러스의 활동을 지연시키면서 지속적으로 다양한 항바이러스제를 투여하는 치료법이 실험적으로 사용된 적이 있다[30]. 하지만 성공률이 낮아 명확한 공수병 치료법으로 제시하기에는 쉽지 않다. 향후 효과적인 치료를 위해서는 신경계에 효과적으로 도달할 수 있는 항바이러스제의 개발과 환자의 신경 세포 손상을 막을 수 있는 안전한 저온 요법 등이 필요하다는 것이다.

이렇게 무시무시한 바이러스이지만 백신에 의해 예방될 수 있는 바이러스성 감염병이라는 점에서 우리에게 좀 더 유리한 상황이다. 사람에게 접종할 수 있는 백신이 존재하며 개와 고양이에게 접종할 수 있는 백신도 상용화되어 있다. 하지만 전 세계적으로 여전히 10분에 1명꼴로 공수병에 걸려 사망하고 있다. 더욱 안타까운 것은 공수병이 발병한 사람들의 40%가 15세 이하의 아이들이라는 것이다. 99%의 공수병 사례가 광견병에 걸린 개에게 물려서 발병했는데 그만큼 백신 접종이 활발히 이루어지지 않고 있다는 이야기이다. 이는 주로 개발도상국 등에서 밖에서 자유롭게 풀어 키우는 개들과 관련이 깊다. 이러한 개들은 주로 광견병 백신을 접종하지 않은 채 자유롭게 돌아다니면서 광견병 바이러스에 감염될 가능성이 높다. 특히 광견병이 발병한 개들은 공격성이 매우 높고 아이들은 이러한 개들의 공격에 취약할 수밖에 없다. 사람과 접촉 빈도가 높은 개와 고양들을 대상으로 광견병 백신을 접종하게 되면 개를 통해 광견병 바이러스가 순환할 수 있는 고리를 쉽게

---

30) 2004년 미국의 공수병 환자에 처음 시도하여 완치한 사례가 있으며, 밀워키 프로토콜이라고 불린다.

끊을 수 있다. 이에 WHO에서도 광견병 상재국을 대상으로 지속적으로 개에서 광견병 백신 접종을 장려하고 있다. 광견병 바이러스는 도심과 시골의 개에서만 순환할 수 있는 것이 아니라 모든 온혈동물이 숙주가 될 수 있기 때문이다.

우리나라의 경우에도 역사적으로 고려시대 광견병에 대한 기록이 있을 정도로 광견병의 유행 지역이었다. 광견병은 1980년대까지는 산발적이지만 지속적으로 발생하였으나 이후 10년 정도는 발병 보고가 없었다. 하지만 1994년부터 다시 발생하기 시작하면서 2000년 초반까지 휴전선 인근을 중심으로 집중적으로 발생하였고, 이 당시 사람의 공수병 사례도 보고된 바 있다. 다행히도 2014년부터 국내에서의 광견병 발생 보고는 없는 듯하다. 여기서 우리가 주목해야 할 것은 10년 동안이나 발병 보고가 없었던 광견병이 다시 발생했다는 것이고, 그 이유는 어느 야생동물에서든 이 바이러스가 없어지지 않고 지속적으로 순환하고 있었다는 것을 반증하는 것이기 때문이다. 즉, 우리 인간이 살고 있는 지역에서 떨어진 어딘가 야생동물에서 광견병 바이러스가 보이지 않는 순환을 하고 있었을 가능성이 높다. 실제로 2000년 초 당시 유행했던 광견병의 주요 전파 매개 야생동물은 너구리로 밝혀지기도 하였다. 휴전선 인근 지역에서 광견병에 걸린 야생 너구리가 민가로 내려와 집에서 기르는 개를 물어 광견병 바이러스를 전파한 것으로 추정되었다. 이 바이러스 전파의 통제를 위해서 우리가 관심을 가져야 하는 숙주가 야생에도 존재한다는 것이고, 이들 집단에서 바이러스의 순환을 억제할 수 있는 방법까지 고민해야 하는 상황인 것이다. 실제 여러 나라에서 반려동물에게 광견병 백신 접종을 함으로써, 사람으로의 바이러스 전파 경로를 최소화하고 있지만, 야생동물에서 순환하는 광견병 바이러스가 사람에게 직접적으로 전파되는 경로를 통해 발생하는 사례도 있기 때문에 방심할 수 없는 일이다.

그래서 야생동물에 효과적으로 백신을 접종할 수 있는 방법이 고안되어 적용된 적이 있다. 사람과 반려동물에 접종하는 광견병 백신은 일반적으로 근육 접종을 통해 진행할 수 있도록 개발되었고, 사람은 병원에서, 반려동물은 동물병원을 통해 광견병 백신 접종이 가능하다. 근육 접종은 주사 바늘을 찔러 근육까지 도입한 후에 백신을 접종하는 방법으로 널리 사용되는 방법이다. 하지만 이를 야생동물에 적용하기란 쉽지 않은데, 야생동물의 각 개체 하나하나를 보정(Bǎodìng)해서 접종해야 하기 때문이다. 또한 야생동물을 잡는 것도 쉽지 않고, 야생동물의 분포 규모를 확인하는 것도 쉽지 않다. 그래서 야생동물에 광견병 백신을 접종하기 위한 새로운 방법을 고안할 필요가 있다. 대표적인 것이 바로 미끼 백신이다. 이 미끼 백신은 일종의 먹는 백신 형태로서, 병원성이 없는 백신이나 바이러스에 광견병 바이러스의 입자를 구성하는 구조단백질을 삽입한 살아 있는 재조합 바이러스라고 볼 수 있다. 이러한 형식의 다양한 백신 연구 결과들을 보면 병원성은 없지만 감염능을 가지고 있는 바이러스를 먹이는 방법으로 방어면역을 형성할 수 있다는 보고는 상당히 많다. 따라서 먹음으로써 방어면역을 부여하는 광견병 바이러스 백신은 이론적으로 가능하다. 다만, 야생동물에게 어떻게 먹이느냐가 중요한 과제이다. 그래서 미끼 백신은 개과의 야생동물이 먹을 수 있는 고형 음식물 안에 백신용 약을 넣은 형태로 제작되었다. 이 미끼 백신을 야생동물이 지나다니는 길목에 뿌려 놓아 동물들을 유인하고 자발적으로 먹도록 하여 야생동물에게 방어면역을 부여하려는 전략이다. 실제 이러한 미끼 백신은 상용화되어 있고, 국내에서도 광견병의 야생 매개동물인 너구리에서 광견병 바이러스를 컨트롤하기 위해 사용되기도 하였다.

광견병 바이러스는 바이러스의 감염이 숙주의 정신과 행동에 영향을 미치기 때문에 상당히 흥미로우면서도 무서운 바이러스이다. 특히 사람의 공수병은 마땅한 치료법이 없으므로, 주변의 바이러스 전파 위험 요인을 차단하는 것이 매우 중요하다. 다행히 광견병과 공수병은 발병 시 치료는 매우 어렵지만, 언제든 백신으로 예방이 가능한 감염병이다. 따라서 사람과 가까이 있는 개나 고양이의 광견병 백신 접종을 통해 광견병의 발생과 바이러스 전파 위험을 감소시킬 수 있다. 그렇다고는 하나 최근의 연구들을 보면, 광견병 바이러스의 숙주 범위가 넓어 야생에서는 우리가 알지 못하는 조용한 순환이 이루어지고 있을 가능성이 높다. 특히 유럽, 아프리카, 호주 등의 식충박쥐(곤충을 주로 잡아먹는 박쥐)에서 광견병 바이러스와 친척관계의 바이러스들이 발견되고 있다는 점에서 우리는 항상 관심을 가져야 한다.

03

출혈열을
유발하는
바이러스

바이러스 감염에 의해 발병되는 치명적인 질병 중 또 다른 하나는 출혈열이라고 할 수 있다. 전 세계적으로 출혈열을 유발하는 바이러스 중에서 가장 대표적인 것은 바로 2013~2016년 서아프리카 지역에서 비교적 큰 규모로 발생하였던 에볼라 출혈열이다. 50% 이상의 사망자가 발생한 에볼라 출혈열은 1976년 아프리카에서 최초 보고된 이후, 아프리카 지역의 몇 개 나라에서 산발적인 발생이 보고되고 있다. 에볼라 출혈열은 치사율이 높지만 호흡기 전파가 아닌 사람의 체액이나 분비물을 통한 직접 접촉이 주된 전파 방식이어서 전파율은 상대적으로 낮은 것으로 알려져 있다. 이로 인해 과거의 에볼라 출혈열은 아프리카 지역의 풍토병으로 여겨졌다. 하지만 2013~2016년 발생했던 에볼라 출혈열은 서아프리카 지역의 기니, 라이베리아, 시에라리온을 중심으로 만 명 이상의 사망자가 나왔고, 영국, 이탈리아, 스페인, 미국에서도 에볼라 출혈열 환자가 발생하였다. 이로 인해 에볼라 출혈열의 전 세계적 확산에 대한 우려가 높았다. 다행히도 2016년 대규모 유행은 종료되었지만 아프리카 일부 국가에서는 산발적인 발생 보고가 현재까지 이어지고 있다.

에볼라 출혈열은 에볼라 바이러스에 의해 유발되는 바이러스성 출혈열이다. 에볼라 바이러스는 공식적으로 6개의 종으로 분류되며, 그중 자이레 에볼라 바이러스가 우리가 일반적으로 이야기하는 에볼라 바이러스를 의미한다. 에볼라 바이러스의 유래와 관련해서 여러 가지 연구 결과가 보고되었으며, 아마도 야생의 박쥐에서 순환하던 바이러스가 유인원을 포함하는 다른 종의 야생동물이나 사람에게 전파된 것으로 추정된다. 앞서 숙주의 변화는 바이러스의 변화를 야기한다고 했던 것처럼, 아프리카의 야생 박쥐에게서 어떤 변화가 있었을 가능성이 있다. 아마도 기후 변화 또는 서식 환경 변화에 따른 박쥐라는 숙주 환경의 변화가 에볼라 바이러스의 진화에 영향을 주었을 것으로 추정된다. 현재에도 아프리카 지역에서는 에볼라 출혈열이 산발적으로 발생하고 있고, 또한 사람이라는 새로운 숙주에서 에볼라 바이러스의 진화는 현재 진행형이라는 점에서, 언젠가는 전파력이 강한 바이러스가 출현할 가능성이 존재한다. 다행히도 2019년 미국에서 에볼라 바이러스 백신이 FDA 승인을 받아 상용화되어 있으므로, 우리는 보다 능동적인 대응이 가능하다는 점에서 조금은 유리한 고지를 점한 듯하다.

에볼라 바이러스의 비리온은 조금 특이한 모양을 하고 있다. 다른 바이러스의 비리온과 달리 에볼라 바이러스의 비리온은 짧은 실 조각처럼 생겼다. 우리 몸에 침투하면 먼지처럼 여기저기 붙을 수 있을 것 같은 모양이다. 그런데 이러한 모양의 비리온을 갖는 바이러스는 에볼라 바이러스만이 아니다. 사실 에볼라 바이러스를 발견하기 훨씬 이전에 유럽에서 먼저 발견되었던 실 모양의 바이러스가 있었는데, 그것은 바로 마버그 바이러스[31]이다. 이 바이러스는 1967년 당시 독일, 유고슬라비아의 실험실에서 처음 발생한 마버그 출혈열의 원인체이다. 당시 실험실에서는 원숭이 신장 세포를 얻기 위해 아프리카 우간다에서 아프리카 그린 원숭이를 수입하였고, 이를 통해 처음으로 마버그 바이러스가 실험실 종사자들에게 감염되었던 것이다.

이처럼 실모양의 비리온을 가진 바이러스로서, 에볼라 바이러스와 마버그 바이러스는 서로 다른 종이지만 같은 과에 속하는 바이러스로 분류되고 있다. 최근 다른 대륙에서도 돼지나 박쥐 등에서 유사한 바이러스의 존재가 보고되었고, 현재까지 100% 입증된 것은 아니지만 앞서 이야기한 에볼라, 마버그 바이러스가 주로 아

---

31) 마버그 마버그바이러스가 공식적인 바이러스의 종명이다.

프리카의 야생동물과 연관되어 있다는 점은 부인할 수 없다. 앞서 집단면역은 Endemic 형태의 감염을 의미한다고 이야기한 바 있다. 따라서 아프리카의 어떤 야생동물에서는 이 바이러스들이 Endemic 형태로 순환하고 있을 것이므로, 언제나 다른 종이나 사람으로 전파될 수 있는 기회는 항상 존재할 것이다. 그러므로 어떤 야생동물이 중간매개동물로서 중요한 역할을 하는지에 대한 명확한 정보가 필요한 상황이다.

이 점에서 지구상에는 중간매개동물이 비교적 명확히 밝혀진 또 다른 출혈열 바이러스로서, 바로 한타 바이러스[32]가 존재한다. 이 한타 바이러스는 우리나라에서 최초 분리 보고되었으며, 신증후군 출혈열을 유발하는 바이러스로 알려져 있다. 한타 바이러스 감염증의 치사율은 앞서 이야기한 에볼라 출혈열에 비해서는 낮지만 10% 이상으로 상당히 높은 편이다. 이 바이러스의 중간매개동물은 야생 설치류의 하나인 등줄쥐로 밝혀졌다. 한타 바이러스 감염은 주로 바이러스 입자를 배출하는 야생 등줄쥐의 분변이나 오줌에 사람이 접촉하게 될 경우 이루어진다. 따라서 중간매개동물의 개체수와 바이러스 감염률이 한타 바이러스의 전파에 영향을 주는 중요한 요인이 될 수 있다. 사실 한타 바이러스는 우리나라뿐만 아니라 전 세계에서 다양한 종으로 존재하고 있다. 그리고 각 종의 바이러스마다 고유의 중간매개동물이 존재하고 있으며, 우리

---

32) Orthohantavirus에 속하는 다양한 종의 바이러스들을 의미한다. Hantaan Orthohantavirus가 우리나라에서 세계 최초로 분리되어 보고된 한타 바이러스이다.

나라의 등줄쥐처럼 대부분은 설치류에 속하는 것으로 알려져 있다.

중간매개동물로서 야생 설치류의 개체수 증가는 한타 바이러스 감염증의 발생률 증가와 연관된다. 주요 전파 경로가 바이러스에 오염된 야생 설치류의 분변이나 오줌이기 때문에 야생 설치류의 개체수가 증가하게 되면 바이러스의 전파 위험성이 보다 증가할 수밖에 없다. 이러한 중간매개동물의 개체수 변화에 영향을 미치는 주요 요인을 기후변화에서 찾는 연구가 보고되고 있다.[33] 추운 겨울보다 따뜻한 겨울은 야생 설치류의 생존율을 높이고, 이로 인해 늘어난 개체수가 한타 바이러스 감염증의 발생에 영향을 미친다는 것이다. 바이러스와 숙주 입장에서 볼 때 한타 바이러스가 야생 설치류에서 Endemic 형태로 순환하고 있다면, 개체수의 증가는 번식력의 증가에 기인하고, 새로 태어난 새끼들은 능동적인 방어면역을 가지고 있지 않아 바이러스에 취약한 숙주 집단이 된다. 즉, 개체수의 증가와 취약 집단을 중심으로 바이러스 감염률이 높아지므로 한타 바이러스에 오염된 분변이나 오줌이 많이 생산될 수 있다는 것이다.

---

33) Tian H, Yu P, Cazelles B, Xu L, Tan H, Yang J, Huang S, Xu B, Cai J, Ma C, Wei J, Li S, Qu J, Laine M, Wang J, Tong S, Stenseth NC, Xu B. Interannual cycles of Hantaan virus outbreaks at the human-animal interface in Central China are controlled by temperature and rainfall. Proc Natl Acad Sci U S A. 2017 Jul 25;114(30):8041-8046.

이처럼 사람의 생존에 영향을 끼칠 수 있는 바이러스들 역시도 같은 지구상에 존재하는 다른 야생동물과 연관되어 있다. 야생동물이라는 숙주 환경에 적응하면서 보이지 않는 순환을 하던 바이러스가 우연한 기회에 사람에게 전파되는 것이다. 야생동물의 서식지 변화, 기후 변화 등은 야생동물인 숙주 환경의 변화를 야기하고 바이러스의 변화로 이어질 수 있다는 점은 이미 알고 있는 사실이다. 다른 신종 바이러스들도 마찬가지이겠지만, 특히 출혈열 바이러스들은 치사율이 높은 감염병을 유발하는 만큼, 바이러스가 야생동물에서 사람으로 전파될 수 있는 숙주 환경 변화와 위험 요인에 대한 지속적인 연구와 관심이 한층 요구되고 있다.

▌국내 박쥐 무리 사진

'새로운 바이러스는 어떻게 우리에게 오는가?'

노벨상과 C형 간염 바이러스

2020년 노벨 생리학·의학상 수상자가 발표되었다. Harvey J. Alter, Michael Houghton, Charles M. Rice 세 분의 학자가 C형 간염을 발견한 공로로 2020년 노벨 생리학·의학상을 수상하게 된 것이다. 스웨덴 카롤린스카 의학연구소에 있는 노벨위원회는 노벨상 수상자들의 주요 기여 내용을 발표하였다. C형 간염의 발견을 통해 수혈 전 혈액 검사와 새로운 치료약 개발이 가능해졌고, 이로 인해 수백만의 생명을 살릴 수 있었다는 것이다.

간염은 여러 가지 원인에 의해 발생할 수 있다. 간은 체내 독성 물질의 해독 기관으로서 과도한 음주는 간의 염증을 유발할 수 있다. 하지만 가장 대표적인 것은 바이러스성 간염이다. 우리의 간세포에 감염하는 바이러스는 간의 염증반응인 간염을 유발하고, 여러 가지 종류의 바이러스가 이러한 간염과 관련이 있다. 보통 알파벳 A, B, C, D형 바이러스 등으로 이야기하는데, A형 간염 바이러스는 주로 입을 통해 감염되어 급성 간염을 유발한다. 우리가 면역반응을 통해 잘 극복하면 바이러스는 우리 몸에서 사라지게 된다. 하지만 B형 간염 바이러스는 조금 다르다. 앞서 우리 몸과 바이러스의 숨바꼭질 관련 이야기를 하면서 소개한 바와 같이, B형 간염 바이러스는 세포에 유전 물질 형태로만 잠복할 수 있다. 이러한 잠복 감염은 지속적인 감염 형태를 통해 만성 간염 형태로 이어질 수 있다. 간은 염증에 의해 손상되더라도 다시 재생할 수 있는 능력이 있지만 만성 염증이 지속되면 결국 손상 부위는 정상적인 간세포가 아닌 흉터 조직으로 대체되면서 정상적인 간 기능을 하지 못하고 간경화로 이어지게 된다. 또한 간경화에서 나아가 간암으로 발전하여 숙주의 생존을 위협하게 된다. 이처럼 B형 간염 바이러스는 만성 간염을 통해 간암까지 유발할 수 있는 원인체인 것이다. 사실, B형 간염바이러스에 의한 만성 간염 발병과 관련된 내용으로 1976년 Baruch S. Blumburg가 먼저 노벨상을 수상한 바 있다. 그럼에도 불구하고 이 바이러스가 어떻게 우리에게 감염되고 전파되는지에 대해서는 아직까지 명확히 밝혀진 것은 없다. 다만, 수혈 과정에서 이 바이러스가 전파될 수 있다는 것이 알려졌고, 수혈 전 B형 간염 바이러스 검사를 통해 수혈자에게 바이러스가 전파될 수 있는 위험을 낮출 수 있게 되었다.

하지만 B형 간염 바이러스만으로 설명되지 않는 수혈 과정의 신규 만성 감염 사례가 지속적으로 발견되었다. Harvey J. Alter는 이러한 발견을 바탕으로 사람과 가장 가까운 유인원인 침팬지에도 동일한 질병을 재현함으로서 새로운 만성 간염 사례가 새로운 바이러스에 의한 것임을 제시하였다. 이에 Michael Houghton은 유전자 클로닝 기법을 기반으로 만성 간염에 걸린 침팬지에서 새로운 바이러스 유전자를 발견하였고, 이것이 바로 새로운 만성 간염과 연관성이 매우 높음을 확인하였다. 이렇게 정체가 밝혀진 C형 간염 바이러스의 바이러스 유전 정보를 바탕으로 수혈 전 검사가 가능해졌고, 수혈자의 만성 간염 발생률은 현저히 줄어들게 되었다. 그럼에도 불구하고 새로운 바이러스는 순수 분리 배양이 쉽지 않아 정말로 이 바이러스가 단독으로 감염되었을 때 만성 감염이 유발되는지를 명확히 증명하기란 쉽지 않았다. 바로 이때, Charles M. Rice가 새로운 접근을 통해 이를 증명하게 된다. C형 간염 바이러스는 RNA를 유전체로 가지는데, 이 유전체만 숙주 세포에 들어가면 바이러스의 증식이 가능한 특징을 가지고 있었다. 이에 그는 새로운 분자 생물학적 방법을 통해 C형 간염 바이러스의 유전체 클론을 제작하여 침팬지의 간에 접종하였다. 실제 만성 간염이 유발되었고 바이러스 입자의 배출이 확인되면서, C형 간염 바이러스 단독으로 만성 간염을 유발할 수 있다는 것이 최종적으로 증명된 것이다.

이렇게 새롭게 확인된 C형 간염 바이러스가 인간에서 만성 간염의 원인체라는 것이 검증됨으로서, 수혈 전 C형 간염 바이러스 검사가 추가적으로 이루어질 수 있었고, 다양한 항바이러스제가 개발되어 C형 간염 바이러스에 의해 유발되는 간염을 효과적으로 치료할 수 있게 된 것이다. 이러한 공로로서 그들은 2020년 노벨 생리학·의학상의 영예를 얻게 된다. 하지만, 아직까지 완전히 밝혀내지 못한 부분도 있다. 혈액을 통한 전파 경로를 생각해 보면 C형 간염 바이러스는 모기를 통해서도 전파될 수 있을 거란 생각이 들 수 있다. 사실 C형 간염 바이러스가 속하는 플라비바이러스 속의 바이러스들은 일본뇌염, 황열병, 뎅기열, 지카바이러스 감염증과 같이 모기 매개 감염병의 원인체인 경우가 많기 때문인데, 아직까지 C형 간염 바이러스를 가지고 있는 모기가 발견되었다는 보고는 없다. 인공적으로 모기 세포를 이용해서 이 바이러스가 증식할 수 있다는 것은 확인했지만, 자연적으로 존재하는 모기에서는 C형 간염 바이러스가 아직까지 발견되지 않았다. 아마도 과거 언젠가 우연히 이 바이러스가 사람에게 왔고, 지속적인 돌연변이 과정 중에 인류가 만들어낸 의학기술인 수혈이라는 새로운 숙주 환경의 변화에 맞추어 자신들의 변화를 이루어낸 것은 아닐까?

　인류를 위협해 온 다양한 질병의 원인체인 만큼 새로운 질병과 바이러스의 연관성을 발견한 업적은 노벨상의 수상과 이어진 경우가 많다. 특히 B형, C형 간염 바이러스와 만성 질병과의 연관 관계, 종양을 유발하는 바이러스와 그 발병 기전에 대한 내용들이 노벨상을 수상할 만큼 인류의 진보에 기여하였다고 할 수 있다. 최근에는 다양한 분자생물학적 분석 기법들이 개발되어 새로운 바이러스의 발견은 보다 빠르고 효과적으로 이루어지고 있다. 그럼에도 불구하고 새로운 바이러스들이 주기적으로 발생하여 우리를 괴롭히고 있다. 새로운 질병과 관련된 바이러스를 발견하는 것이 현재를 대응하는 것이라면, 이제는 숙주의 변화와 바이러스의 변화에 대한 기본 원리를 하나씩 찾아내어 미래를 대응할 수 있는 기반을 제공하는 것이 우리 인류의 진보에 기여할 수 있는 한층 새로운 방향이 아닐까 조심스럽게 제언해 본다.

바이러스와
싸울 수 있는
우리의 전략들

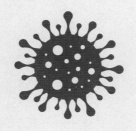

바이러스와
인류

01

백신은
감염을 차단할까?
질병을 차단할까?

우리는 살아오면서 백신(Vaccine)이라는 용어를 많이 들어왔고, 이 백신을 접종한다는 것을 보통 예방접종이라고 한다. 즉, 일반적으로 백신이라는 것은 예방적 도구로서 사전에 대비한다는 의미가 크다. 우리나라 사람들은 태어나면서부터 의무적으로 예방접종을 한다. 결핵, 홍역, 일본뇌염, 독감 등 나이와 주기에 맞추어 접종해야 할 백신들을 나라에서 관리하고 있고, 심지어 초등학교에 입학하려면 필수 예방접종을 완료해야 한다. 백신을 접종함으로서 해당 감염병에 걸리지 않을 뿐만 아니라, 다른 사람에게 병원체를 전파시키지 않을 수 있다. 그만큼 백신의 효용성은 상당히 높다.

사실 백신은 인류가 바이러스의 존재를 인지한 시점보다 일찍 개발되어 사용되어 왔다. 18세기 말 에드워드 제너에 의해 시도되었던 최초의 백신은 천연두 백신으로, 소에서 유행하는 우두 바이러스를 이용하였다는 점에서 획기적인 시도였다. 하지만 이 당시만 하더라도 바이러스에 대한 개념이 없었기 때문에, 실제 소의 바이러스가 사람의 천연두 바이러스와 교차 방어면역을 형성할 수 있다는 이론적인 설명까지는 쉽지 않았을 것이다. 19세기 말이 되어서야 식물에서 세균보다 작은 바이러스에 대한 이해가 시작되었다는 것을 감안하면 당시 대표적인 바이러스성 감염병의 대응 전략으로서 백신의 개념이 먼저 개발되었다는 것은 우리 인류에게는 큰 행운이었다는 생각을 해 본다.

　　백신은 병원체 특이적인 면역 물질을 사용하여 만든다. 다시 말하면, A라는 바이러스에서 유래한 물질을 이용하여 만든 백신은 A라는 바이러스의 감염에 의해 유발되는 질병을 막을 수 있는 것이다. 여기서 다시 한 번 감염과 질병의 개념에 대하여 생각해 볼 필요가 있다. 감염(Infection)은 바이러스가 숙주 세포에 침투하여 증식에 성공하는 것을 의미하고, 질병(Disease)은 이로 인해 숙주에게 나타나는 다양한 병리학적인 증상을 의미한다. 바이러스의 감염과 증식에 의한 숙주 세포의 손상과 관련된 임상 증상이 나타나기도 하고, 숙주의 면역 반응에 의한 임상 증상이 나타나기도 한다. 보통 이러한 것들이 복합적으로 관여하여 바이러스 감염병마다 특징적인 임상 증상을 유발하게 되는 것이다. 결국 바이러스성 감염병에서 회복되기 위해서는 우리 몸의 면역 시스템이 바이러스의 감염을 인지하고 최종적으로 바이러스를 제거하는 방어면역을 형성하였을 경우에 가능한 것이다. 따라서 우리 몸에 방어면역이 형성되었다는 것은 언제든 동일한 바이러스의 감염에 빠르게 대응할 수 있는 능력을 확보했다고 할 수 있다.

백신은 바이러스에서 유래한 물질을 바탕으로 해당 바이러스에 감염되지 않더라도 그 바이러스에 대한 방어면역을 부여하는 인공적인 방법이다. 이것은 이후 같은 바이러스에 실제로 감염되더라도 질병이 나타나기 전에 방어면역으로 인해 빠르게 제거할 수 있게 되는 것이다. 그러므로 백신은 감염을 억제하는 데 초점을 맞춘다기 보다 감염이 되더라도 빠른 방어면역 반응을 통해 바이러스를 제거하는데 더 큰 기여를 하는 것이며, 빠른 방어면역과 바이러스의 제거로 인해 바이러스의 전파도 거의 이루어지지 않게 된다. 이는 회복된 사람의 방어면역과도 어느 정도 결을 같이 한다. 즉, 바이러스 감염병에서 회복된 사람일지라도 그 바이러스에는 언제든 감염될 수 있는 가능성이 존재하지만, 방어면역이 이미 존재하므로 빠르게 바이러스를 제거하여 질병이 나타나지도 않고, 다른 사람에게 전파가 이루어질 수준의 바이러스 증식도 사전에 차단된다는 의미이다. 결국 방어면역을 가진 회복된 숙주와 백신을 통해, 방어면역을 갖게 된 숙주가 증가하면 증가할수록 바이러스의 전파와 질병의 발생은 상당히 줄어들 것이다.

이처럼 최근 코로나19와 관련하여 논의되었던 재감염 사례에 대해 이야기해 보자. SARS-CoV-2의 감염에 의해 코로나19라는 질병을 겪고 회복된 후 재검사를 실시했을 때, 다시 바이러스 양성 사례가 나타난다고 하는 뉴스는 어쩌면 당연히 언제든 발생할 수 있는 사례라고 할 수 있다. 그 사람들은 바이러스 검사에서 양성이지만, 질병이 다시 재발한 적은 없다는 점에서 방어면역이 충분히 작용하고 있다고 볼 수 있다. 이러한 충분한 방어면역 반응을 통해 그 사람들에서 검출된 바이러스는 감염능을 잃었거나 감염력은 있으나 수준 이하의 바이러스 농도만 제한적으로 잠시 배출했을 가능성이 훨씬 높다. 우리가 사용하는 바이러스 검출 기법은 비교적 민감한 방법이어서 감염능이 없거나 상당히 낮은 농도의 바이러스도 검출할 수 있기 때문이다.

하지만 이렇게 만들어진 방어면역 물질도 평생 동안 지속되는 것은 아니다. 우리는 살아가면서 다양한 바이러스에 노출되고 이에 반응하여 다양한 방어면역 반응이 이루어진다. 이러한 기전을 통해 만들어진 방어면역 물질은 지속적으로 증가하고 쌓이게 되는데, 제한된 우리 몸의 여건상 그대로 모두 유지하면서 새로운 것들이 계속 증가하도록 놔두는 것은 상당히 비효율적이라고 할 수 있다. 따라서 일반적으로 특정 병원체에 대하여 한 번 활성화되어 만들어진 방어면역 물질은 서서히 감소하고 궁극적으로 사라지게 된다. 특히 항체라는 대표적인 면역 물질은 보통 반감기라는 것이 존재하여 시간이 지나면서 우리 몸에서 없어진다. 이러한 점만 생각해 보면, 방어면역이 형성되더라도 중요한 방어면역 물질들이 결국 사라지게 되므로 언젠가는 다시 취약한 상태가 된다는 것으로 오해하기 쉽다. 하지만 우리 몸의 면역 시스템은 기억하는 능력을 가지고 있다. You are forgiven but not forgotten. 즉, 보이지 않는다고 해서 기억하지 않는 것은 아니다. 한 번 만들어진 면역 반응의 핵심은 기억 면역 세포들에 저장되어 있고, 같은 병원체가 다시 문제를 일으키는 순간 전보다 더 강력한 면역 반응으로 답하게 된다.

이렇게 기억 면역 세포들이 재활성화되면, 방어면역 물질인 항체와 면역 세포들이 빠르게 만들어지고 그 양도 이전에 비하여 훨씬 많아지게 된다. 그만큼 방어 효과도 훨씬 높아질 수 있다. 그래서 부스터(Booster) 효과라는 표현을 쓰기도 한다. 백신을 두 번 이상 접종하는 경우는 이러한 부스터 효과를 기대하기 때문이고, 바이러스의 주요 감염 시점에 최대한 방어면역 물질이 남아 있는 상태에서 효율적으로 대응하기 위함이다. 따라서 기억 면역 세포에 의한 부스터 효과를 감안해 볼 때, 최근 코로나19와 관련하여 바이러스 감염증에서 회복된 사람일지라도 방어면역이 몇 개월 안에 사라진다는 말은 조금 더 생각할 측면이 있다. 그것은 당장 사용할 수 있는 총알의 재고는 없지만, 생산 시설은 언제든 빠르게 가동되어 다시 총알의 수를 늘릴 수 있는 측면이다. 비록 지금은 항체나 특이 면역 세포들은 조금씩 줄어들어 언젠가는 사라지겠지만, 우리 몸에 기억 면역 세포로 남아 있어 다시 SARS-CoV-2의 감염을 인식하는 순간, 빠르게 방어면역 시스템을 가동시켜 필요한 항체와 특이 면역 세포들을 바로 만들어낼 수 있는 것이다.

이러한 내용을 정리하면, 일반적으로 바이러스 백신은 바이러스 감염을 완전히 차단하는 것보다는 바이러스 감염에 의해 유발되는 질병을 막아주는 기능이 더 높다는 것을 알 수 있다. 질병이 막아진다는 것은 바이러스의 새로운 감염과 증식을 막아주는 숙주의 방어면역 반응이 충분히 이루어지고 있다는 것이다. 이러한 방어면역을 통해 배출되는 바이러스의 양도 감염력을 갖는 농도 미만으로 현저히 감소하고 다른 사람으로 전파될 수 있는 가능성도 제로에 가까워지게 된다. 즉, 바이러스 백신은 숙주에게 방어면역을 형성하여 바이러스의 감염병 증상과 전파를 최소화시켜 줄 수 있는 효과적인 수단이라고 할 수 있다. 특히 집단면역이 만들어진 숙주집단에서 취약집단을 중심으로 유행하는 바이러스성 질병의 경우, 백신은 매우 효과적인 수단이 될 수 있다. 인류 문명에서도 아이들은 태어나서 얼마 동안은 다양한 바이러스에 대응할 수 있는 방어면역을 기억하는 경우가 드물다. 언젠가는 바이러스의 감염을 경험하고 스스로 방어면역을 형성하여 기억 면역 세포로 남겨 두는 과정이 지속적으로 이루어지면서 점점 강해지겠지만 말이다. 따라서 어린 아이들은 다양한 바이러스성 감염병에 대한 방어면역이 형성되지 않은 취약집단이라고 볼 수 있다. 백신이 없었다면 아이들은 스스로 바이러스와 싸워 이겨야 하는 숙명일 수밖에 없지만, 인류는 백신을 통해 이러한 취약집단의 아이들에게 인공적으로 방어면역을 부여함으로서, 인류를 위협해 온 다양한 바이러스성 감염병에 효과적으로 대응해 왔다.

백신은 숙주에게 인공적인 기억 면역 세포를 만들어주는 역할도 할 수 있기 때문에 타깃 바이러스에 대한 정확한 정보를 갖는 것이 중요하다. 그리고 방어면역은 타깃 바이러스에만 특이적으로 작용하기 때문에 효과적인 백신을 개발하기 위해서는 해당 바이러스에서 유래한 물질을 이용하는 것이 일반적이다. 그래서 과거에는 바이러스 입자를 백신으로 사용해 왔다. 바이러스 입자를 그대로 사용한다는 것은 인공적으로 감염시킨다는 말과 다를 바 없으므로 백신으로 사용하기 위해서는 바이러스의 감염능을 제거해야 한다. 그러므로 이것은 인체에 무해하면서 바이러스의 감염능만 제거할 수 있는 화학물질 처리를 통해 이루어졌다. 이렇게 만들어진 백신을 보통 사독백신이라고 한다. 독성을 제거한 바이러스 입자 백신이라고 보면 될 것이다. 이러한 경우에는 죽은 바이러스만으로 효과적인 방어면역을 유도하기 쉽지 않으므로 어주번트라고 하는 면역활성화 물질을 함께 혼합하여 백신을 제작하는 것이 일반적이다. 또한 이와 비슷하게 감염능이 있는 바이러스 입자를 사용하되 병원성이 없는 바이러스 입자를 사용하는 생독백신이 있다. 보통 자연 숙주와는 다른 숙주 동물이나 배양 세포에서 지속적으로 배양된 바이러스로서 새로운 숙주 환경에 맞게 변화하여 기존의 숙주 환경에서는 병원성이 사라지게 된다. 이렇게 인류는 역사적으로 사독백신과 생독백신의 개념으로 바이러스 백신을 개발하고 사용해 왔으며 최근에는 보다 안전하면서 효과적인 새로운 백신 개발 노력도 활발히 이어지고 있다.

바이러스 입자 전체를 사용하기 위해서는 바이러스를 인공적으로 배양해야 하고, 위험성이 높은 바이러스의 경우에는 안전상의 이유로 바이러스의 인공 배양 자체가 쉽지 않다. 따라서 최근에는 바이러스 입자를 모두 사용하는 것이 아니라 방어면역 반응을 유도할 수 있는 최소한의 바이러스 구성 물질을 이용하여 백신을 개발하고 있다. 이는 최신의 생명공학 기술의 개발과 함께 이루어지고, 새로운 아이디어와 함께 진행되고 있다. 바이러스 입자를 구성하는 구조 단백질 또는 그 일부, 바이러스의 핵심 본체인 유전체의 일부나 유전 정보를 가지고 있는 DNA나 RNA를 이용한 백신들이 개발되고 있다. 주사를 통해서 백신을 접종하는 것이 일반적이지만, 최근에는 매우 미세한 주사바늘을 이용하여 고통 없이 백신을 접종하는 방법도 개발되었다.

이러한 다양한 노력에도 불구하고 백신이 실제 우리에게 접종되기 위해서는 반드시 안전성이 검증되어야 한다. 백신에 사용되는 바이러스의 의도치 않는 감염이나, 생독백신의 접종 후 병원성 확인과 같은 부작용, 백신 접종에 따른 접종 부위나 전신성 면역 과민 반응 등도 사전에 검증되어야 하는 요소들이다. 또한 백신에 의한 면역 반응 이후 실제 바이러스의 자연 감염이 이루어졌을 때 발생할 수 있는 부작용도 고려되어야 한다. 그만큼 바이러스 백신의 상용화를 위해서는 안전성 평가를 포함한 여러 단계의 전임상, 임상 시험이 이루어지므로 오랜 시간을 필요로 한다. 따라서 최근의 신규 바이러스성 감염병에 대응할 수 있는 백신 개발은 사실 '소 잃고 외양간 고치기' 식의 대응인 경우가 많을 수밖에 없다. 새로운 바이러스 원인체 정보를 바탕으로 다양한 백신 후보 물질들이 개발되고 안전성 평가와 임상 평가 등을 진행하다 보면, 바이러스는 이미 전 세계로 퍼져 나가거나 이미 유행이 종식되는 경우가 허다하다. 따라서 앞으로는 미래 발생 가능한 바이러스성 감염병에 미리 대응하거나 바이러스 감염병의 발생 이후 신속하게 백신을 개발할 수 있는 방향의 바이러스 감염병 백신 연구가 함께 이루어져야 할 것이다. 물론 다소 이상적인 연구 방향이라고 생각될 수 있지만, 과거에 바이러스라는 존재의 발견 이전에 소의 우두 바이러스를 이용한 천연두 백신이 만들어졌던 것처럼, 우리 인류의 직관과 아이디어를 믿는다면 현재는 불가능해 보이더라도 언젠가는 일상처럼 가능한 일이 될 수 있을 것이다.

02

바이러스의 검출과
감염병의 진단

바이러스성 감염병은 다양한 바이러스에 의해 유발된다. 몇 가지 질병은 비슷한 양상을 보이면서 서로 다른 바이러스가 원인체가 되는 경우도 있다. 대표적으로 코가 간질간질하고 콧물이 나면서 재채기를 하는 감기는 그 원인체가 여러 가지이다. 리노바이러스가 가장 대표적인 감기를 유발하는 바이러스이지만, 코로나바이러스도 감기를 유발하는 원인체 중 하나이다. 또 코로나19나 사스, 메르스와 같이 중증호흡기질환을 유발하는 코로나바이러스는 감기를 유발하는 코로나바이러스와는 그 종이 다르다. 이렇듯 질병의 증상만으로 감염병의 원인체 바이러스를 알아내기란 쉽지 않으며, 비슷한 친척 관계의 바이러스일지라도 유발할 수 있는 질병은 완전히 다를 수가 있다.

따라서 바이러스성 감염병의 증상만으로 진단하기가 쉽지 않고, 실제 원인체를 알아내기도 매우 어렵다. 기침과 폐렴 증세를 동반한 호흡기 증상을 유발하는 원인체로서 바이러스가 의심될 수는 있지만 정확히 어떤 바이러스가 관여했는지는 확답할 수 없는 것이다. 코로나19의 경우도 감염된 사람에 따라서 임상 증상이 약한 경우에서부터 중증 호흡기 증상을 나타내는 경우까지, 같은 SARS-CoV-2가 원인체임에도 불구하고 다양한 임상 증상으로 나타날 수 있다. 이러한 사유로 인해 원인체 바이러스를 특이적으로 검출할 수 있는 방법이 바이러스 감염병의 진단을 위한 가장 유용한 방법이 될 수 있다. 여기서 우리가 한 번 더 생각해 볼 점은 검출과 진단은 비슷하면서도 조금 다른 개념이라는 것이다. 검출은 병원체의 존재 유무와 관련이 깊고, 진단은 질병을 알아내는 개념에 더 가깝다. 따라서 병원체의 검출은 정확한 진단을 위한 유용한 수단이 될 수 있고, 다양한 진단 검사 방법 중의 하나가 될 수 있는 것이다.

바이러스를 특이적으로 검출하기 위해서는 우선 바이러스가 검출될 수 있는 시기를 알아야 한다. 일반적으로 급성 감염의 형태로 나타나는 바이러스 감염증은 임상 증상이 나타나기 전후로 바이러스가 배출되기 시작하고, 보통 일주일 정도 바이러스 배출이 지속되는 경향이 있다. 하지만 면역반응이 활성화되어 방어면역이 형성되면서 바이러스의 배출은 감소하기 시작하고 어느 순간 완전히 사라지게 된다. 따라서 이 시기를 놓치게 되면 바이러스가 실제 감염되어 질병을 유발하였다 하더라도 바이러스가 검출되지 않는 것처럼 나타날 수가 있다. 또한 시기를 놓쳐서 바이러스가 사라졌다 하더라도 우리는 바이러스의 흔적을 바탕으로 진단에 활용할 수 있는 방법이 있다. 그것은 바이러스 감염에 대응하기 위해 만들어지는 숙주의 특이적인 면역 반응을 측정하는 것이다. 이와 관련하여 숙주의 대표적인 방어면역 물질 중 하나인 항체를 측정하는 방법이 가장 일반적이다. 그러므로 비록 바이러스는 사라지더라도 그 바이러스에 특이적인 항체는 우리 몸에 비교적 오랜 기간 남아 있기 때문에 과거 바이러스의 감염 여부를 판단할 수 있는 것이다.

그렇다고는 하나 사람들은 임상 증상이 나타나면서 병원을 찾는 만큼 바이러스는 배출되고 있는 상황일 가능성이 높으므로 바이러스의 검출을 통한 감염병의 진단이 일반적이다. 환자의 임상 증상과 관련이 높은 병원체들의 검출법 적용을 통해 코로나19인지, 메르스인지, 인플루엔자인지, 결핵인지 등을 정확히 진단할 수 있는 것이다. 이러한 정확한 진단을 통해 적합한 치료제와 치료 방법을 적용할 수 있다는 점에서 바이러스의 정확한 검출은 매우 중요하다. 또한 코로나19의 사례에서 보듯이 바이러스에 감염된 사람을 놓치지 않고 정확하게 찾아낼 수 있는 바이러스 검출 방법을 적용하여 바이러스 감염병의 방역 및 검역에도 효과적으로 사용할 수 있다. 즉, 바이러스의 정확한 검출을 통해 효과적인 진단과 방역이 이루어질 수 있는 것이다.

그래서 바이러스의 검출 기법은 비특이 반응이 적으면서도 적은 양의 바이러스도 고감도로 검출할 수 있는 방법이 선호된다. 이 검출법들은 대부분 바이러스의 유전자 염기서열 일부를 특이적으로 인식하여 증폭시키는 생명공학 기술을 이용하며, 결국에는 바이러스의 유전 물질을 검출해서 바이러스의 존재를 확인한다고 보면 될 것이다. 하지만 이러한 검출법은 바이러스의 유전 물질을 타깃으로 하기 때문에 조금 더 생각해 볼 점이 있다. 그것은 감염능이 있는 바이러스인가, 그렇지 않은가에 대한 정보는 알 수가 없다는 것인데, 보다 쉽게 말하면 죽은 바이러스인지 살아 있는 바이러스인지 알 수 없다는 것이다. 사실 감염병의 진단이나 방역에 있어 검출된 바이러스가 감염성이 있는지 없는지는 크게 중요하지 않을 수 있다. 현재 나타난 검출 결과를 바탕으로 정확한 진단과 방역을 수행하는 것이 우선되기 때문이다. 이러한 바이러스의 검출 유무뿐만 아니라 검출되는 바이러스의 감염능 보유 여부에 대한 정보가 필요한 경우가 있다. 바이러스 유전 물질은 바이러스 입자에도 존재하고 바이러스가 감염된 숙주 세포에도 존재한다. 바이러스 유전 물질이 검출되었다는 것은 바이러스 입자가 검출되었을 수도 있고, 바이러스에 감염된 숙주 세포에 남아 있던 바이러스의 유전 물질이 검출되었을 수도 있다. 결국, 바이러스 유전 물질의 검출만으로 정상적인 바이러스 입자가 존재하는가의 여부를 알기란 쉽지가 않다. 그러므로 감염능이 있는 바이러스가 검출되었다는 것은 정상적인 바이러스 입자가 만들어져서 존재한다는 의미이다. 따라서 감염능 유무를 추가적으로 확인하기 위해서는 해당 시료를 실제 바이러스가 감염되어 증식할 수 있는 배양 세포나 실험동물에 접종하여 바이러스의 증식을 확인하게 된다. 감염능이 있는 정상적인 바이러스 입자가 존재하는 것이 밝혀진다면, 다른 숙주로 전파될 수 있는 위험성이 존재한다는 것이고 이에 따라 보다 정확한 대응이 가능해지기 때문이다.

이와 관련해서 우리가 생각해 볼 수 있는 사례는 바이러스 감염병에서 회복된 숙주에게서 검출되는 바이러스 유전 물질의 경우이다. 이 경우 검출된 바이러스는 감염능이 있는 정상적인 형태의 바이러스 입자일 가능성은 낮다. 회복된 숙주는 바이러스 특이 방어면역 반응으로 인해 바이러스 입자와 바이러스에 감염된 세포들이 제거되기 때문에, 이 과정에서 일시적으로 바이러스의 일부 조각이 남아 있다가 검출될 수도 있다. 그러므로 이 시기에 바이러스가 검출되었다고 바이러스를 전파시킨다거나 바이러스 감염병이 다시 발생하였다고 단정적으로 이야기할 수 없다. 바이러스가 감염되고 회복될 때까지의 기간을 이야기할 때 바이러스의 유전 물질이 검출되는 기간과 감염능이 있는 바이러스 입자가 검출되는 기간 사이에는 차이가 있을 수도 있다.

다소 극단적인 사례를 이야기한 것 같지만 실제 바이러스 유전 물질 검출을 통한 바이러스의 존재를 확인하는 방법은 많이 사용되면서도 결과의 해석에 있어서는 조심스럽게 접근할 필요가 있는데, 바이러스 입자가 발견되었더라도 실제 증식을 했는가의 여부는 또 다른 문제일 수 있기 때문이다. 이로 인해 바이러스학자들은 바이러스의 생활사 연구를 바탕으로 바이러스가 숙주 세포에서 증식할 때만 만들어지는 중간 산물이나, 바이러스가 잠복해 있을 때와 개방 감염 형태로 있을 때의 유전체 특성 등과 같은 정보를 이용하여 실제 바이러스가 증식했는가 여부를 판단하기도 한다. 이처럼 바이러스는 입자이면서도 입자가 아닌 특이한 생활사를 가진 미생물이고, 반드시 숙주가 있어야 증식을 한다는 점에서 바이러스를 검출한다는 것 이면에는 보다 복잡한 내용이 숨어 있다는 점을 기억해야 한다.

03

바이러스를
없애는 방법은?

바이러스는 입자 상태로 존재하면서도 숙주 세포에 감염되어 있는 상태로도 존재한다. 그렇다면 바이러스를 없앤다는 것은 바이러스의 존재 형태에 따라서 다르게 설명될 수 있다. 먼저, 외부 환경에 노출되어 존재하는 바이러스의 제거와 관련하여 이야기해 보고자 한다. 바이러스 입자는 외부 환경에 노출되면 시간이 지나면서 다양한 물리화학적 스트레스에 의해 감염능을 상실하게 된다. 바이러스마다 가지고 있는 구조적 특성에 따라 감염능을 상실하기까지의 기간은 저마다 다양하다. 일반적으로 바이러스 입자를 구성하는 요소 중에 외막(Envelope)의 유무는 바이러스의 외부 환경 저항성에 영향을 미칠 수 있는 대표적인 요소이다.

바이러스 입자에 외막이 있다는 것은 우리 몸의 세포를 구성하는 세포막과 유사한 구조를 가지고 있다고 볼 수 있다. 바이러스의 구조단백질은 숙주 세포에 감염될 때 중요한 역할을 하게 되고, 외막이 있는 바이러스는 이러한 몇 가지 중요한 구조단백질이 외막에 박혀 있는 형태이다. 즉, 외막이 망가지면 바이러스 입자는 감염능을 상실하게 된다. 세포막과 마찬가지로 바이러스의 외막은 물을 좋아하는 친수성 부위와 물을 싫어하는 소수성 부위를 갖는 인지질의 이중막 구조이다. 이러한 외막은 외부 환경의 다양한 물리화학적 변화에 영향을 쉽게 받을 수 있고, 특히 비누와 세제 같은 계면활성제에 노출되면 외막의 구조가 더욱 파괴되기 쉽다. 따라서 외막을 갖는 바이러스는 외부 환경에 노출되었을 때 상대적으로 감염능을 빠르게 잃을 수 있으며, 외막이 없는 바이러스의 경우에는 조금 다른 특성을 보인다. 막이 하나 없기 때문에 더 약할 것 같지만, 외막이라는 취약한 구조에 자신의 주요 단백질을 담지 않아 오히려 세제나 비누 등에는 상대적으로 높은 저항성을 가질 수 있다. 그러므로 환경 등에 오염된 바이러스 입자를 제거하기 위해서는 보다 전문적인 소독제를 사용해야 한다.

소독(Disinfection)은 숙주의 외부 환경에서 바이러스의 감염능을 최대한 제거하는 과정이라고 보면 좋을 것이며, 숙주의 내부에 침투하여 작용하는 것이 목적이 아니라는 것이다. 이러한 소독제는 사용 용도에 맞게 안전성과 유효성 평가가 이루어져 해당 용도에 맞게 활용되는 것이 일반적이다. 병원 내부, 축사, 방역 시설 등에 오염될 수 있는 병원체의 감염능을 제거하기 위해 사용되는 소독제는 우리 몸의 상처 부위 소독이나 수술 전에 적용하는 소독제와는 성분과 적용 방법이 다르다. 포비돈, 70% 알코올 등과 같이 우리 몸에 직접 닿는 소독제는 독성이나 안전성 측면에서 보다 엄격한 평가가 필요하다. 하지만 시설 소독 등에 사용되는 소독제는 우리 몸에 직접 닿지 않는 만큼 효력에 대한 평가가 주가 된다. 그러므로 시설 소독 등에 사용되는 대부분의 소독제가 화학물질이고, 지속적인 사용에 따른 유해성에 대한 우려도 있다. 최근에는 새로운 소독 방법에 대한 연구개발이 이루어지고, 특히 광학 기술과 접목한 물리적 소독 방법들이 개발되어 사용되기도 한다. 그만큼 안전하고 효과적인 소독 기술은 바이러스의 제거에 매우 중요한 부분이다.

하지만 앞서 살펴본 것처럼 소독제는 우리 몸의 외부 환경에 주로 적용되므로 체내 적용을 할 수 없다. 즉, 바이러스에 감염된 환자를 치료한다기 보다는 바이러스에 오염된 환경을 청소한다는 개념이 더 강하다. 바이러스에 감염되었다는 것은 바이러스에 감염된 세포들이 존재한다는 것이고, 체내 환경에서 이들을 선택적으로 억제하는 것은 다른 차원의 문제이기 때문에 바이러스에 감염된 환자를 치료하기 위해서는 항바이러스제라고 하는 보다 전문적인 약물을 사용해야 한다. 항바이러스제는 바이러스만을 특이적으로 공격하여 억제하면서도 우리 몸의 정상적인 세포에 대한 독성은 없어야 한다. 그런데 바이러스는 다른 미생물과 달리 숙주 의존성이 매우 크다. 즉, 바이러스는 감염된 숙주 세포에서 숙주 세포의 시스템을 이용하여 증식하기 때문에 바이러스에 감염된 세포에서 바이러스만을 선택적으로 제거하는 것은 매우 어렵다. 그러므로 항바이러스제는 숙주 의존적인 바이러스의 특성상 숙주에도 영향을 끼칠 수 있는 가능성이 매우 높다는 점에서 선택적 제거란 쉽지 않은 과제이다. 그럼에도 불구하고 몇 가지 바이러스에는 효과적인 항바이러스제가 개발되어 사용되고 있다. 특히 C형 간염 바이러스의 특이적인 항바이러스제로서 보세프레비어(Boceprevir), 텔라프레비어(Telaprevir), 소포스부비어(Sofosbuvir) 등의 약물이 미국 FDA의 승인을 받아 사용되고 있으며[34], 그 치료 효과도 매우 뛰어난 것으로 알려져 있다. 또한 인플루엔자 바이러스에 대한 항바이러스 효과를 보이는 타미플루라는 상품명의 오셀타미비어(Oseltamivir)도 대표적인 항바이러스제이다.

일반적으로 항바이러스제는 바이러스의 증식을 억제하지만 바이러스를 완전히 제거할 수 없으며, 우리 몸에서 바이러스를 제거할 수 있는 것은 결국 면역 시스템이다. 입자이면서도 입자가 아닌 바이러스를 완전히 제거하기 위해서는 바이러스 입자뿐만 아니라 바이러스에 감염된 세포들까지 선택적으로 제거해야 한다. 이것은 오랜 진화에 거쳐 만들어진 사람의 면역 시스템이 바이러

---

34) 류왕식, 12.2 C형 간염 바이러스, 바이러스학 제4판, 2019, ㈜라이프사이언스

스를 완전히 제거할 수 있는 가장 효과적인 방법일 것이다. 하지만 이러한 방어면역 시스템은 바로 형성되는 것이 아니라 2주 정도의 시간이 걸리게 된다. 그동안 항바이러스제는 우리 몸의 면역반응을 통해 바이러스가 완전히 제거되기 전까지 바이러스에 의한 피해를 최소화하는 역할을 할 수 있고, 완전히 제거되지 않고 지속 감염을 통해 우리 몸에 남아 계속 문제를 일으키는 바이러스에도 중요한 역할을 할 수 있다. 그것은 지속 감염을 하고 있는 바이러스가 다시 활성화되어 질병을 유발하지 않도록 바이러스의 재활성과 증식을 막아줄 수 있기 때문이다. 이처럼 항바이러스제는 바이러스를 완전히 제거할 수 없지만, 바이러스의 증식을 억제하여 우리 몸에서 질병을 일으키는 것을 막을 수 있는 좋은 수단인 것은 분명하다. 그럼에도 불구하고 우리는 스스로 능동적인 방어면역을 형성했을 때 비로소 바이러스로부터 벗어날 수 있다는 점에서 결국 바이러스를 최종적으로 없애는 것은 스스로의 힘이 중요하게 작용한다.

바이러스를 없애는 방법은 바이러스 입자의 감염능을 제거하거나 바이러스에 감염된 세포에서 바이러스의 증식을 억제하는 방법 등이 있고, 외부 환경인가, 체내 환경인가에 따라 적용할 수 있는 물질과 방법이 다양하게 존재한다. 소독제는 외부 환경에 적용하기 위한 용도로서 효력이 높은 대신 독성도 있으므로 사람의 체내에 적용할 수 없다. 또한 항바이러스제는 사람의 체내에 적용할 수 있지만 바이러스의 완전한 제거를 기대하기란 쉽지 않다.

더욱이 종종 항바이러스제에 내성을 갖는 바이러스들이 발견되기도 했는데, 바이러스를 없애는 것은 그만큼 쉽지 않은 과정이다. 하지만 최근에는 재조합 항체를 이용한 항바이러스 제제가 개발되기도 하고, 다양한 시뮬레이션 프로그램을 이용한 새로운 신약 개발 노력이 이루어지고 있다. 또한 최신의 생명공학 기술과 접목한 새로운 개념의 소독제나 항바이러스제가 조만간 개발될 지도 모를 일이다. 지속적인 연구개발을 통해 미래에는 바이러스를 없애거나 억제할 수 있는 보다 효과적인 물질과 방법들을 찾을 것이며, 각자의 용도와 적용 범위에 맞게 적절하게 사용함으로써, 우리 몸의 방어면역과 함께 시너지를 기대할 수 있을 것이다.

새로운 바이러스의 발견과 또 다른 숙제

이 지구상에는 다양한 종의 바이러스가 존재하고 있고, 아직까지 발견되지 않은 미지의 바이러스도 존재하고 있다. 바이러스는 숙주 의존적이기 때문에 바이러스가 발견되었다는 것은 바이러스가 감염되는 숙주가 함께 존재한다는 의미이다. 환경에서 발견되는 바이러스들은 입자 형태로 존재하여 숙주를 명확히 찾아내기는 어렵다. 따라서 특정 숙주에서 발견되는 바이러스는 그 숙주를 이용하여 증식하고 있을 가능성이 높다. 하지만 숙주의 몸은 숙주 하나만으로 구성되지 않는다는 점에서 우리는 조심해야 한다. 내 몸 안에는 나의 세포는 물론 장내 세균, 피부 상재균, 곰팡이류 등과 같은 다양한 미생물이 정착하여 살아가고 있다. 즉, 내 몸에서 어떤 바이러스가 발견되었다고 해서 그 바이러스가 나를 감염시키는 것으로 단정할 수는 없으며, 내 몸 안의 다른 미생물에 감염되는 것인지는 명확히 알 수가 없는 것이다.

A라는 바이러스가 숙주에 감염되어 질병을 유발한다는 이야기가 성립되기 위해서는 조금 복잡한 과정의 증명이 필요하다. 질병에 걸린 숙주에서 A라는 바이러스가 검출되었다는 사실만으로는 그 바이러스가 동일한 질병을 유발한다고 단정할 수 없다. 즉, 검출된 A 바이러스를 순수하게 분리하여 다시 건강한 숙주에 감염시켰을 때 동일한 질병을 유발하고, A 바이러스가 다시 배출되는 것이 확인되었을 경우에 비로소 A 바이러스와 질병의 상관관계를 명확히 이야기할 수 있을 것이다. 이러한 점에서

최근 사람이나 동물의 임상 시료에서 새롭게 발견되어 보고되고 있는 바이러스들의 경우, 숙주와의 직간접적인 연관성이 있을 수 있다고 할 수 있지만, 실제 숙주에서의 감염 여부와 질병의 유발 여부에 대해서는 추가적인 규명이 필요한 경우가 많아지고 있다.

과거의 유전자 염기서열 분석 방법에 비해 비약적으로 발전한 차세대 염기서열 분석 방법들이 개발되었고, 대부분의 시료에 존재하는 다양한 유전 물질들의 염기서열 정보를 대용량으로 분석할 수 있게 되었다. 그리고 다양한 신규 바이러스들의 유전자 염기서열 정보들이 데이터베이스에 지속적으로 축적되고 있으며, 새로운 생명정보학 기법들을 바탕으로 수많은 염기서열 데이터에서 의미 있는 정보를 찾아낼 수 있게 되었다. 또한 이러한 다양한 임상 시료나 환경 시료에 존재하는 바이러스들의 유전자 염기 서열들도 발견되고 있다. 과거에는 감염병 형태의 질병과 연계된 바이러스가 먼저 분리되고 이에 대한 유전정보를 알아냈다면, 현재에는 바이러스를 분리하기 전에 먼저 바이러스의 유전정보를 알아낼 수 있게 됨으로써, 기존에 알지 못했던 다양한 신규 바이러스들이 발견되어 보고되고 있다. 따라서 다양한 시료에서 발견되는 새로운 바이러스 유전자의 염기서열 정보를 바탕으로 분류학적인 정보는 지속적으로 업데이트되고 있다. 다만, 현재의 바이러스학적 분석기술로 찾아내는 바이러스의 유전 정보만으로는 실제 바이러스의 숙주가 무엇이고 어떤 질병 등과 연관될 수 있다는 것까지 알아내기는 쉽지 않다.

이와 관련해서 최근 사람과 동물의 장 관계 등에서 많이 발견되었던 단일가닥의 원형 DNA를 유전체로 갖는 작은 바이러스와 관련된 내용을 살펴보고자 한다. 다양한 임상 시료에서 기존에 몰랐던 바이러스 유전자

정보가 점차 검출되기 시작하면서, 단일가닥의 원형 DNA로서 작은 유전체를 갖는 바이러스들도 많이 발견되기 시작하였다. 기존에 이미 동물에서 질병과 연관되어 써코바이러스라고 불리는 비슷한 형태의 바이러스가 발견된 바 있으나, 이들과는 유전체의 구성과 염기서열 정보의 차이가 존재하는 새로운 바이러스들이다. 처음에는 침팬지와 소의 분변에서 이 바이러스들에 대한 정보가 확인되기 시작하였고, 다른 동물이나 사람, 곤충 등의 시료에서 광범위하게 발견되었다. 그러나 이 써코바이러스는 분변 시료를 중심으로 광범위하게 검출되었을 뿐, 실제 감염능이 있는 바이러스 입자 형태로 분리 배양된 사례는 보고된 바 없으며, 유전적 분석을 통한 그 존재가 증명되었을 뿐이다. 분류학적으로 의미 있는 발견일 수 있지만, 이 바이러스들의 숙주와 질병 유발 여부는 명확히 밝혀지지 않았다. 다만, 소의 분변에서 검출되었으므로 소를 숙주로 하지 않을까라는 추정을 하고 있다. 따라서 바이러스가 감염되는 숙주의 범위가 매우 넓다는 점에서 분변에 존재하는 세균이나 곰팡이 등이 숙주일 수도 있고, 소가 섭취한 사료의 원료나 풀과 같은 식물 등에 감염되어 있던 바이러스가 우연히 분변에서 검출되었을 수도 있다.

이와 관련하여 최근 단일 가닥의 원형 DNA를 유전체로 갖는 작은 바이러스들 중에 스마코바이러스(Smacovirus)의 진짜 숙주에 대한 새로운 발견이 보고된 바 있다. 보통 세균은 박테리오파지[35]에 감염되었을 경우 박테리오파지의 일부 유전자를 세균 자신의 유전체에 삽입하여 기억하고자 한다. 이러한 세균만의 독특한 기억이 저장되어 있는 부위를 크리스퍼(CRISPR, Clustered Regularly Interspaced Short Palindromic Repeats) 서열이

---

35) 세균에 감염되는 바이러스를 보통 박테리오파지라고 부른다.

라고 한다. 이 크리스퍼 부위에 기록된 박테리오파지 유전자는 세균의 복제 과정 중에 후대로 전달되고, 나중에 해당 유전정보를 갖는 박테리오파지가 감염될 경우, 세균은 자신의 크리스퍼 부위에 기억된 정보를 바탕으로 박테리오파지의 유전체를 선택적으로 인식하고 제거하여 자신을 보호할 수 있다. 이러한 특성을 바탕으로 다양한 세균에 존재하는 크리스퍼 서열 부위에 대한 데이터 분석을 통해 어떤 박테리오파지가 그 세균에 감염될 수 있는지에 대한 정보를 역으로 찾아낼 수도 있을 것이다. 실제 이와 관련하여 특정 고세균에 존재하는 크리스퍼 서열 부위에서 스마코바이러스(Smacovirus)의 유전자 염기서열이 발견되어 보고된 바 있다. 즉, 스마코바이러스(Smacovirus)의 숙주는 동물이 아니라 고세균일 가능성이 높다는 것이다.[36]

이처럼 실제 숙주의 임상 시료에서 발견되더라도 해서 숙주의 세포에 감염되는 것인지, 숙주에 존재하는 다른 미생물에 감염되는 것인지에 대한 추가적인 증명이 필요하다. 해당 숙주의 시료에서 발견되었다고 하여 그 바이러스가 반드시 해당 숙주를 감염하는 것은 아니라는 것이다. 또한, 해당 숙주에 감염되지 않고, 숙주 안에 상재하는 미생물 등에 감염되는 박테리오파지에 가까운 바이러스도 숙주에 영향을 끼치지 않는다고 할 수 없다. 정상적인 균형을 이루고 있는 미생물 군집은 우리의 장내에 존재하는 다양한 미생물들이 적절한 균형을 이루면서 공생하고 있는 상황 그 자체가 하나의 장기로 간주될 수 있고, 이러한 미생물 군집의 균형을 깰 수 있는 박테리오파지의 감염은 우리에게 간접적인 영향을 끼칠 수

36) Díez-Villaseñor, C., Rodriguez-Valera, F. CRISPR analysis suggests that small circular single-stranded DNA smacoviruses infect Archaea instead of humans. Nat Commun 10, 294 (2019).

있기 때문이다. 따라서 새로운 바이러스의 정보가 늘어나면 늘어날수록 우리는 진짜 숙주가 무엇인지뿐만 아니라, 보다 넓은 범위의 숙주 환경에서 바이러스의 역할과 질병과의 연관성 등에 대한 더 복잡한 공부를 해야만 하는 셈이다.

미래
신규 바이러스 감염병
대응을 위한 노력

바이러스와
인류

01

미래
신규 바이러스 감염병
대응을 위한 노력

　미래에 발생할 수 있는 새로운 바이러스성 감염병에 대응하는 것은 구체적으로 어떤 대응 도구를 만들어낼 수 있을 것인지에 대한 고민일 수도 있다. 현재 우리가 바이러스성 감염병에 대응하기 위해 사용하고 있는 전략과 도구는 바이러스의 정체를 알았을 때 적용할 수 있는 것들이라고 할 수 있다. 바이러스 검출법은 바이러스의 유전정보를 밝혔을 때 정확하게 만들 수 있고, 백신은 바이러스의 유전정보를 포함한 방어면역과 관련된 중요 부위에 대한 정보가 필요하다. 그러므로 바이러스에 대한 정보뿐만 아니라 얼마나 빠르게 제작이 가능한가에 대한 문제도 있을 수 있다. 같은 검출법 또는 백신일지라도 어떠한 플랫폼을 사용하는가에 따라 제작 시간부터 결과물의 품질까지 다양해질 수 있다. 그래서 미래 신규 바이러스성 감염병에 대응하기 위해서는 미래 우리에게 다가올 수 있는 바이러스의 정보를 알아내는 것 뿐만 아니라 그 바이러스의 정보를 이용해서 얼마나 효과적으로 대응 도구를 만들어낼 것인가에 대한 고민이 함께 이루어져야만 한다.

우선 미래 바이러스의 정보를 알아내는 부분에 대하여 생각해 보자. 사실 이 지구상에는 아직 우리가 발견하지 못한 바이러스들이 많이 존재하고 있다. 아메바에 감염되는 거대한 바이러스가 발견되었고, 이 거대한 바이러스에 기생하는 새로운 형태의 바이러스가 발견되기도 하였다. 특히 우리 인류에게 새로운 감염병을 일으킬 수 있는 동물 바이러스들에 대한 정보는 지속적으로 업데이트되고 있다는 점에서 아직도 미지의 영역이라고 할 수 있다. 이로써 공통적으로 생각해 볼 수 있는 것은 저마다 숙주로서 바이러스에 피해를 입고 있을 지도 모른다는 것이며, 우리가 코로나19라는 바이러스 감염병과 사투를 벌이는 것처럼 다른 동물들도 저마다의 감염병과 사투를 벌이고 있을 수 있다. 과거의 명언[37]을 수정하여 인용해 보자면, '우리가 만나는 모든 생물은 바이러스와의 싸움에서 치열하게 생존하고 있다'고 보는 것이 조금은 따뜻한 표현이 될 수 있다. 이러한 전제하에 에코헬스 얼라이언스(Ecohealth alliance)[38]

---

37) Be kind, for everyone you meet is fighting a hard battle. – Ian Maclaren(John Watson)
　　'친절하라, 당신이 만나는 모든 사람들은 더 힘든 전투에서 싸우고 있다.'
38) https://www.ecohealthalliance.org/

와 같은 비영리 기관에서는 실제 전 세계 다양한 지역의 야생동물에서 순환하고 있는 바이러스에 대한 정보를 수집하고, 이를 바탕으로 새로운 감염병의 발생을 미리 예측하고 예방하고자 노력하고 있다. 최근에 발생했던 새로운 바이러스 감염병들이 야생동물로부터 유래했을 가능성이 높기 때문에 야생동물에서 순환하고 있는 다양한 바이러스에 대한 정보를 미리 알고 분석한다면 앞으로를 대비할 수 있는 중요한 기반이 구축될 수 있다.

다만, 이러한 바이러스에 대한 정보는 시료 채집 당시의 기준이라는 점에서 한계가 있을 수 있다. 이 책의 앞부분에서 이야기한 바와 같이 바이러스의 변화는 끊임없이 진행되고 있고, 숙주 환경의 변화에 따라 바이러스도 끊임없이 진화하기 때문이다. 과거 20년 동안 중국의 중국적갈색관박쥐를 비롯한 관박쥐류에서 유행하는 박쥐 코로나바이러스 중 일부가 사람에 감염될 가능성이 있다는 보고가 있었지만, 실제 코로나19의 원인체 바이러스는 과거에 큰 관심을 두지 않았던 그룹의 박쥐 코로나바이러스와 더 가까웠다. 이러한 점에서 야생동물에서 유행하는 바이러스가 사람으로 감염될 수 있는 바이러스인지, 또는 그러한 바이러스로 진화할 수 있을 것인지에 대한 예측은 쉬운 일이 아니다.

야생동물-가축-사람 또는 야생동물-사람으로의 종간 전파를 통해 새로운 바이러스가 사람에게 도달한다면 우리는 바이러스의 정보를 알아내는 시점을 두 가지 차원에서 이해할 수 있다. 그것은 사람에게 오기 전에 알아내는 것과 사람에게 오고 난 이후 알아내는 것일 것이다. 첫 번째로, 사람에게 오기 전에 알아낸다는 것은 우선적으로 야생동물이나 가축에서 순환하고 있는 바이러스가 무엇인지에 대한 정보가 필요하다. 즉, 어떠한 숙주 환경의 변화 속에서 종간 장벽을 뛰어넘어 사람에게 감염될 수 있는가에 대한 분석을 가능한 한 많이 해야만 하고, 그러기 위해서는 일단 야생동물 등에서 유행하고 있는 바이러스에 대한 정보를 최대한 확보해야만 한다. 예를 들어 우리가 중요하게 생각하지 못했던 바이러스가 언제든 우리에게 올 수 있고, 하나라도 놓친다면 미리 알아낼 수 있는 첫 단추가 제대로 끼워지지 않는 셈이 되기 때문이다. 그럼에도 불구하고 지구상에 수많은 다양한 숙주에 존재하는 바이러스에 대한 정보를 모두 알아내기란 쉽지 않다. 그것은 언제가 될지도 모르고 얼마나 많은 바이러스가 존재하는지 모르기 때문이다. 물론 우리가 지구상에 존재하는 다양한 종의 생물에 대한 정보를 꾸준히 알아내고 있으므로, 바이러스에 대한 광범위한 정보도 언젠가는 완성될 수 있을 것이다. 그러나 그 기간이 적어도 단기간은 아닐 것이며, 그 사이에 우리가 알지 못했던 바이러스가 언제든 또 나타날 수 있다. 그러므로 지구상에 존재하는 바이러스에 대한 광범위한 정보를 얻기 위한 노력은 중장기적인 전략 중 하나로서 꾸준히 진행되어야 할 숙제인 셈이다.

두 번째로, 사람에게 오기 전에 새로운 바이러스에 대한 정보를 알았다고 해서 우리가 바로 대응할 수 있는 것은 아니다. 수많은 바이러스와 다양한 숙주들 사이에서 어떤 바이러스가 사람에게 올 가능성이 높은지를 예측해야 하기 때문이다. 이를 위해서는 현재 시점의 바이러스를 기준으로 분석해야 한다는 한계점이 있고, 바이러스는 계속 변화할 수 있으므로, 숙주 환경의 변화에 따른 바이러스의 변화를 감안해야 한다는 점에서 쉽지 않은 일이다. 다만, 사람에 감염될 수 있는 바이러스들의 유전 정보를 바탕으로, 새롭게 발견되는 바이러스들의 인체 감염 가능성을 예측해 볼 수 있을 것이고, 인체 유래 세포나 인체 감염과 유사한 실험동물 모델을 이용하여 새롭게 발견된 바이러스가 실제 인체에 감염될 수 있는가에 대한 실험실적 예측도 시도해 볼 수 있을 것이다. 또한 발견된 모든 바이러스에 대한 인체 감염 가능성을 예측해야 하는 것이기 때문에 역사적으로 인류에게 발생했던 신규 바이러스성 감염병과 관련된 동물들에 대한 정보를 기초로 위험성이 높은 숙주군을 정해 볼 수 있을 것이다. 그리고 상대적으로 다양한 바이러스가 검출되는 동물, 인간 문명과 생활 영역이 자주 겹치는 동물, 또는 이러한 동물과 생태학적인 연결고리가 있는 동물들에서 새로운 바이러스로서 사람과 공유할 가능성이 높은 숙주를 찾아보고 이를 바탕으로 효율적으로 새로운 바이러스들에 대한 정보와 인체감염 가능성에 대한 연구를 진행할 수도 있을 것이다.

하지만 예측은 어디까지나 예측일 뿐이고 검증이 쉽지 않다. 인체 감염 위험에 대한 상당 부분 신뢰할 수 있을 만한 정보가 있을 때 도전해 볼 수 있거나, 예측의 신빙성이 높아야 그러한 바이러스에 대한 검출 기법이나 예방 백신, 치료제 등에 대한 선제적 연구 개발을 수행해 볼 수 있기 때문이다. 사실 쉽게 예측이라고 쓸 수 있지만, 실제 예측할 수 있는 방법은 더 어렵다. 즉, 바이러스의 부착, 세포 내로 침투, 세포 안에서의 증식 등의 과정이 모두 맞아떨어질 때 바이러스의 감염은 성립할 수 있고, 어느 한 단계만을 가지고 판단하는 것은 쉽지 않다. 그래서 새로운 바이러스가 예측하기 어려운 전혀 새로운 형태의 바이러스로 변화할 수 있는 인위적인 숙주 환경을 역으로 제공할 수도 있다. 따라서 우리에게 오기 전에 새로운 바이러스를 미리 예측하는 것은 다양한 동물의 바이러스 정보를 알고, 그 중에서 인체 바이러스와 관련이 깊은 것들을 추려내고, 그 중에서도 실제 인체 감염 가능성이 높은 바이러스를 도출해 내는 과정으로서 확률적으로 매우 어려운 과정일 수 있다.

그렇다면 우리에게 오고 난 이후에 알아낸다는 것은 어떨까? 물론 코로나19처럼 이미 전염병의 형태로 발생한 상태에서 알아낸다는 것은 아니지만, 바이러스가 숙주를 바꾸고 바로 병원성을 나타내는가, 아니면 어느 정도 진화의 시간이 필요한가에 대한 내용은 바이러스에 따라 다를 수 있기 때문에 명확히 단정 짓기는 어렵다. 다만, 전자이든 후자이든 간에 바이러스가 우리 몸에 처음 들어와서 사람이라는 숙주 환경에서 지속적으로 진화할 수 있다는 점은 명확하다. 또 한 가지 분명한 것은 이미 사람에게 온 바이러스이기 때문에 인체 감염 가능성을 예측할 필요는 없다는 것이다. 이미 사람을 숙주로 이용하는 새로운 바이러스가 발견되었다면 앞으로는 이 바이러스가 병원성을 유발할 것인지, 다른 사람에게로의 전파력이 강해질 것인지에 대한 예측이 필요한 것이다.

어떤 종의 동물에서 유행하던 바이러스가 어떤 요인으로 인체에 감염될 수 있는 상황은 어딘가에서 이미 산발적으로 이루어지고 있을 것이다. 우연히 왔다가 사라지는 바이러스도 있을 것이고, 변이를 통해 인간이라는 새로운 숙주 환경에 맞게 조금씩 진화하고 있는 바이러스도 있을 것이다. 야생동물의 바이러스가 사람에 감염되어 바로 병원성을 유발할 수 있고, 병원성을 유발하기까지 진화의 시간이 필요할 수도 있다. 전자의 경우라면 우리는 앞에서 살펴보았듯이 바이러스가 사람에게 오기 전에 예측할 수 있는 역량이 필요하다. 하지만 후자의 경우라면 바이러스가 이미 사람에게 온 뒤에 병원성과 전파력을 갖기 전에 미리 찾아낼 필요가 있다. 다시 말해서, 미래 사람에게 새로운 감염병을 유발할 수 있는 바이러스는 야생동물에서 순환하고 있을 뿐만 아니라 이미 우리가 모르는 사이에 우리 안에서 조용히 순환하고 있을지도 모르기 때문이다. 따라서 완벽하지 않지만 시도해 볼 수 있는 것 중의 하나는 인체 유래 시료 등에 아직 알지 못했던 새로운 바이러스에 대한 스크리닝 방법을 개발해 보는 것이다. 예를 들면, 가벼운 설사를 유발했지만 인지하지 못했던 바이러스가 어느 날 호흡기 증상을 유발하면서 사람 간 전파력이 강해질 수 있으므로 설사의 데이터를 미리 찾아보고 정보를 확보할 필요가 있다는 것이다.

지금까지의 이야기는 인간을 비롯한 지구상의 다양한 숙주에서 순환하는 바이러스의 정보를 바탕으로 많은 컨텐츠를 확보하고, 앞으로 우리에게 새로운 감염병을 유발할 수 있는 바이러스를 예측하는 내용에 관한 것이었다면, 이제는 예측된 정보를 바탕으로 우리가 어떤 대응 무기를 만들 수 있을까에 대해 생각해 보자. 우선 가장 먼저 생각해 볼 수 있는 것은 새로운 바이러스 검출 기법의 개발이다. 바이러스의 유전정보를 안다면 바이러스를 구성하는 유전 물질 또는 단백질 등을 특이적으로 검출할 수 있는 방법을 미리 만들어 볼 수 있다. 특히 바이러스 검출 방법은 바이러스의 유전정보를 바탕으로 빠르게 개발하여 현장에서 사용할 수 있다. 그러므로 우리가 미리 만들어볼 수 있는 검출 방법은 바이러스의 변이를 고려하고 비슷한 다른 바이러스들과 함께 검출할 수 있는 효율적이면서도 새로운 바이러스의 검출 확률을 높여 줄 수 있는 방향으로 고려되면 더욱 좋을 것이다.

코로나19 팬데믹 상황에서 우리에게 가장 필요한 것은 백신이었다. 백신의 개발은 전임상, 임상시험 등을 통해 장기적인 안전성과 유효성 평가가 이루어져야 한다. 실제로 매우 드물기는 하지만 백신의 접종이 바이러스의 증식 또는 바이러스의 병원성을 증가시킬 수 있는 경우도 있을 수 있기 때문이다. 따라서 신규 감염병이 발생하고 최종적으로 효과적인 백신이 만들어지기까지 상대적으로 오랜 시간이 필요하다. 따라서 조금은 이상적이고 도전적인 내용일 수 있지만, 미래 바이러스 감염병에 대비할 수 있는 백신을 어느 정도까지 미리 만들어 놓는 방법은 어떨까?라는 생각을 해보기도 한다. 우선, 방어면역을 유발할 수 있는 백신 후보물질을 빠르게 제작할 수 있으면서, 인체 안전성을 확보할 수 있는 백신 플랫폼이 개발되면 좋을 것이다. 이것은 컨텐츠를 바꾸어도 안전성이 입증될 수 있는 백신 플랫폼을 의미한다. 일관적인 백신 플랫폼을 통해 표준화된 평가 지표와 생산 시스템을 적용하면 백신 후보물질의 평가를 보다 효율적으로 진행할 수 있을 것이다. 또한, 광범위한 테스트를 통해 안전성과 효능이 담보된 플랫폼 아래 새로운 바이러스의 정보만을 바꾸면 바로 백신 후보물질 제작이 가능한 플랫폼이 있다면 새로운 바이러스에 대응할 수 있는 백신 제작의 첫 단추도 빠르게 끼울 수 있을 것이다. 이를 바탕으로 우리에게 새로운 바이러스성 감염병을 유발할 것으로 예측되는 바이러스들에 대한 백신 후보물질을 선제적으로 제작하고, 동물실험과

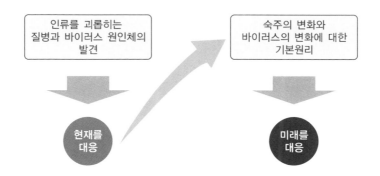

임상 초기 단계의 인체 안전성 검증이 먼저 이루어진다면, 향후 새로운 바이러스에 대한 백신 제작 기간을 보다 단축할 수 있을 것이다.

다만, 바이러스는 항상 변하고, 새로운 바이러스성 감염병의 예측은 언제나 틀릴 수 있으므로 미래를 대비하기 위한 백신 개발에 있어 몇 가지 고려할 점은 있다. 기존의 백신 개발에 사용되었던 바이러스의 특이적인 타깃 부위에서 벗어난 보다 더 새로운 관점의 타깃을 생각해 볼 수 있다. 가장 가까운 예로는 최근 인플루엔자 바이러스의 변이주 발생에 대응할 수 있도록, 어느 정도 변이가 일어날지라도 대부분의 인플루엔자 바이러스에 대하여, 범용 방어면역을 부여할 수 있는 바이러스 타깃 부위를 이용한 백신 개발이 이루어지고 있다. 인플루엔자 백신의 적용 범위를 넓히는 전략인 것이다. 그리고 바이러스는 입자이면서도 입자가 아닌 특성을 가지고 있어, 바이러스 입자를 구성하는 물질보다 바이러스가 세포에 감염되어 증식하는 동안 만들어지는 물질이 보다 낮은 변이율을 보이는 경향이 있다. 따라서 바이러스 입자를 구성하는 구조 단백질 중심의 백신 개발에서, 바이러스가 숙주 세포에서 증식하는 동안 만들어지는 비구조 단백질을 활용한 백신 후보물질이 개발된다면, 그것의 활용 범위는 한층 더 넓어질 수도 있을 것이다.

지금까지 어떻게 하면 미래 바이러스 감염병에 대응할 수 있을지에 대한 생각들을 브레인 스토밍처럼 적어 보았다. 다소 엉뚱

할 수도 있고 도전적인 내용일 수 있지만, 새로운 바이러스를 예측하고 효과적으로 대응할 수 있는 선제적 도구나 전략 등에 대한 새로운 아이디어를 함께 만들어 보고자 하였다. 여기서 필자는 바이러스학이라는 관점에서 제한된 시각으로 바라보고 이야기를 써 내려갔을 가능성이 높지만, 다른 분야의 사람들이라면 보다 새로운 관점으로 전혀 새로운 방법을 제시할 수도 있을 것이며, 검출법과 백신뿐만 아니라, 우리의 일상생활에서 바로 사용할 수 있는 바이러스 억제 기술도 개발할 수 있을 것이다. 호흡기 바이러스의 전파를 막는 데 마스크의 역할이 중요했듯이, 개인 방역 기구, 시설 및 공간의 바이러스 청정화와 관련된 신개념 도구들도 창안하거나, 제시할 수 있다. 기존의 방법만으로 해결할 수 없는 약점이 있다면 그 약점을 보완할 수 있는 방법을 새롭게 찾아 나아가면 될 것이다. 이러한 노력들을 통해 새로운 바이러스의 굴레에서 완전히 벗어나기는 어렵다고 하더라도 적어도 우리의 소중한 일상을 지킬 수 있는 방법을 찾을 것이라는 믿음이 있다.

글을 쓴다는 것은 생각보다 쉽지 않다. 글을 쓴다는 것은 머릿속의 다양한 정보와 생각을 정리해 가는 과정이기 때문이다. 그럼에도 불구하고 이 책을 써 보겠다고 결심했던 것은 이렇게 긴 글을 써 내려가는 과정을 통해 지금까지 단편적으로 알고 있거나 생각해 왔던 것들을 한번쯤은 정리할 필요가 있다고 생각했기 때문이다. 그리고 무엇보다 바쁘다는 핑계로 책을 쓸 수 있는 기회를 피하기보다는 바이러스를 연구하는 사람으로서 한권의 책을 만들어 보고 싶다는 막연한 꿈과 도전 정신도 있었다. 하지만 막상 글을 시작하고 보니 글을 쓴다는 것은 자기 자신과의 싸움인 것 같다. 쉬고 싶은 주말에 노트북 앞에 앉아 글쓰기를 시작하는 것도 큰 결심이 필요하고, 막상 글쓰기를 시작하고 글쓰기에 집중하는 것도 쉽지 않다. 그럼에도 불구하고 조금씩 써 내려가다 보니 어느새 이렇게 에필로그를 쓰고 있다.

이 책의 내용을 마무리할 즈음에 2020년 노벨 생리학·의학상 수상자가 발표되었다. C형 간염 바이러스의 발견을 통해 인류의 건강 증진에 기여한 공로가 인정되었던 것이다. 바이러스학 분야 노벨상 수상이라는 점에서 반가운 소식이었다. 1901년부터 노벨상 수여가 시작되고 바이러스와 관련된 노벨상 수상은 여러 건이 있었다. 소아마비 바이러스의 배양법, 종양을 유발하는 바이러스의 발견 등과 같이 인류를 괴롭혀 온 다양한 바이러스성 질병의 원인체와 발병 기전을 밝혀낸 연구들이 중요하게 생각되어 왔다. 이러한 감염병의 원인체와 발병 기전에 대한 새로운 발견을 통해 우리는 현재를 대응할 수 있는 다양한 기술들을 개발할 수 있었다.

언제나 그래왔던 것처럼, 바이러스는 항상 현재에 머물러 있는 것이 아니라 조금씩 변화하고 있다. 숙주 의존성을 가지고 있는 바이러스는 숙주 환경의 변화 속에서 자신도 변화한다. 사람은 바이러스의 숙주이자 바이러스가 진화할 수 있는 숙주 환경을 제공하고 있다. 어딘가에서 보이지 않는 순환을 하고 있는 바이러스가 숙주 환경의 변화 속에서 자신을 변화시키면서 다른 숙주를 찾아갈 기회를 찾고 있을지 모른다. 사스, 메르스, 코로나19처럼 새로운 바이러스는 우리가 예상하지 못한 시점과 환경에서 사람에게 감염되어 새로운 질병을 유발하고 있다. 매번 새로운 바이러스가 나타나면 우리는 효과적인 대응 기술이 마련될 때까지 바이러스를 효과적으로 막을 수 있는 뾰족한 방법이 없다. 앞으로는 숙주 환경의 변화 속에서 바이러스의 변화가 일어나는 기본 원리를 바탕으로 새로운 바이러스성 감염병의 발생에 대응할 수 있는 바이러스학적 연구가 필요할 것으로 보인다. 지난날 현재를 대응할 수 있는 기술을 넘어 이제는 미래를 대응할 수 있는 새로운 아이디어와 전략이 중요할 것이다.

따라서 이 책에서는 바이러스와 숙주의 관점에서 바이러스의 기본적인 특징을 소개하고, 숙주의 변화 속에서 어떻게 자신의 변화를 꾀하는가에 대한 이야기를 풀어 보고자 하였다. 또한 바이러스학에서 다루는 내용을 새로운 관점으로 이야기해 보고 싶어 필자의 주관적인 생각을 사이사이에 포함시키기도 하였다. 이미 알고 있는 과학적 정보나 앞으로의 새로운 바이러스학적 실험을 통해 이 책의 내용 중에 수정되어야 할 부분이 생길 수도 있다. 다만, 필자는 이 책을 통해 다양한 분야의 사람들이 바이러스와 숙주 환경에 대한 새롭고 다양한 생각들을 함께 해 볼 수 있는 기회를 가졌으면 하는 바람이 있었다. 바이러스의 발견 이전에 천연두의 백신이 개발되었던 것처럼, 우리의 직관과 새로운 아이디어가 새로운 바이러스성 감염병의 발생을 미리 대응할 수 있는 새로운 전략을 제공해 줄 수도 있기 때문이다.

좋은 책을 만드는 길
독자님과 함께하겠습니다.

바이러스와 인류

초 판 발 행	2021년 01월 15일 (인쇄 2020년 12월 30일)
발 행 인	박영일
책 임 편 집	이해욱
저 자	김혜권
편 집 진 행	윤진영 · 권현숙
표지디자인	손가인
편집디자인	심혜림
발 행 처	시대인
공 급 처	(주)시대고시기획
출 판 등 록	제10-1521호
주 소	서울시 마포구 큰우물로 75 [도화동 538 성지 B/D] 9F
전 화	1600-3600
팩 스	02-701-8823
홈 페 이 지	www.edusd.co.kr
I S B N	979-11-254-8763-0(03400)
정 가	14,000원